AF460869

LE VIEUX LABOUREUR,

TRAITÉ ÉLÉMENTAIRE

D'AGRICULTURE.

MEAUX - IMPRIMERIE A. DUBOIS.

LE VIEUX LABOUREUR,

TRAITÉ ÉLÉMENTAIRE

D'AGRICULTURE,

A L'USAGE

DES ÉCOLES PRIMAIRES DE LA CAMPAGNE,

Par un Membre de la Société d'Agriculture, Sciences et Arts de Meaux.

« Celui qui fait croître deux épis de grain ou
» deux brins d'herbe là où il n'en croissait aupa-
» ravant qu'un, rend à son pays un service plus
» essentiel que tous les hommes qui s'occupent de
» politique. »

(SWIFT.)

PARIS.

PITOIS-LEVRAULT ET Cie, RUE DE LA HARPE, 81.

1840.

AUX ÉLÈVES

DES ÉCOLES PRIMAIRES DE LA CAMPAGNE,

ET A TOUS LES JEUNES LABOUREURS.

Mes jeunes Amis,

L'agriculture est le premier des arts : tous les autres arts en sortent et sont nourris par elle. Avant tout, il faut vivre ; et pour vivre il faut manger : c'est l'agriculture seule qui fournit les aliments, ces premiers biens de la vie, sans lesquels ni l'homme ni les animaux les plus utiles ne pourraient subsister.

Non seulement l'agriculture fournit les premiers biens, les biens nécessaires au soutien de la vie humaine ; mais c'est elle encore qui fournit tous les matériaux des biens utiles, et ceux même des biens d'agrément. Si elle ne donne pas les métaux, base essentielle de tous les arts, elle alimente ceux qui les tirent du sein de la terre et ceux qui les travaillent. Sans l'agriculture, il n'existerait ni sciences, ni arts, ni civilisation, ni ordre social, ni aucun bien-être humain. Si, avant qu'elle fût née, les hommes ont pu subsister, ce n'a été qu'isolément, en très-petit nombre, dans un état sauvage peu différent de l'état des bêtes fauves qui peuplent les déserts et les forêts.

La profession du cultivateur est donc la première de toutes les professions; c'est d'elle seule que toutes les autres reçoivent le mouvement et la vie.

Elle n'est pas seulement la première et la plus nécessaire de toutes les professions, elle est encore la plus noble. L'antiquité l'avait bien reconnu, puisqu'elle avait décidé qu'elle serait la seule profession industrielle que pourrait embrasser, par nécessité, un patricien; et sous le régime de la féodalité, elle fut aussi la seule qu'une famille noble pût exercer sans déroger à son origine et à ses titres de noblesse.

Un de nos premiers économistes modernes confirme cette antique illustration de l'agriculture. « L'agriculture, dit-il, est de toutes les occupa-
» tions auxquelles l'homme peut se livrer, la plus
» utile et la plus honorable. La plus utile, parce
» qu'elle tend à la conservation des hommes et
» des animaux; la plus honorable, parce qu'elle
» engendre toutes les vertus, compagnes ordi-

» naires des mœurs simples. L'agriculture, aussi » ancienne que le monde, vit seule, de ses pro- » pres forces, puisqu'elle n'a rien à attendre des » hommes qui ont tout à attendre d'elle. Un la- » boureur cultive son champ, parce qu'il voit » son travail récompensé dans l'avenir ; il n'a » besoin pour cela, ni de protecteur ni de récom- » pense. »

Cependant la noble profession du cultivateur ne fut pas toujours en honneur ; on vit souvent ceux qui en supportaient le rude travail, honnis et méprisés par les autres classes de la société. Leurs sarcasmes humiliants, dont le laboureur fut long-temps l'objet, étaient d'autant plus injustes qu'il méritait leur plus intime reconnaissance, puisqu'il arrosait péniblement la terre de ses sueurs pour en tirer leur nourriture et tous les autres biens de la vie.

On est revenu de ces grossières erreurs sociales, de cette ingratitude imméritée envers ceux qui produisent les premiers biens de la vie. Aujourd'hui, le cultivateur est presque partout estimé et honoré ; les sommités sociales, loin de dédaigner sa noble profession, s'y associent, et descendent dans cette arène d'où doit surgir, comme d'une source intarissable, tous les moyens de civilisation et de bien-être; elles portent le flambeau de la science et de l'observation autour du modeste laboureur, et par de généreux conseils elles en guident les pas encore chancelants ; les sociétés d'agriculture qui viennent de se former sur presque tous les points de notre belle patrie, et qui comptent parmi leurs membres tout ce qu'il y a d'hommes éminents dans la science et l'administration, vont répandre partout, autour d'elles, la lumière et l'émulation ; l'agriculture ainsi éclairée et illustrée par tant d'hommes éminents, laissant loin derrière elle les tâtonnements de l'aveugle routine, verra s'ouvrir devant elle la plus glorieuse destinée ; mais que le jeune cultivateur qui voudra avoir sa part de cette glorieuse destinée se persuade bien qu'il n'aura le droit d'y prétendre que par la réunion de ces trois choses : l'*instruction*, l'*activité* et la *probité*. Ces trois choses seront désormais la condition nécessaire de toute prospérité agricole.

Lorsque les travaux de l'agriculture furent le partage exclusif des esclaves et des paysans abrutis par le servage de la barbare féodalité, on crut qu'il ne fallait à la terre, pour la forcer à produire, qu'un travail purement machinal ; mais on est convaincu aujourd'hui, que ce même travail peut être rendu productif, en raison de l'instruction qui l'éclaire, et de l'expérience qui le guide. Il est démontré que le travail machinal est à la fois le plus pénible et le plus ingrat ; tandis que la même quantité de travail qu'aura dirigé une raison doublement éclairée par l'instruction et par l'expérience, sera suivi d'un produit double et quelquefois triple ; plus on avancera dans l'avenir, plus on aura d'occasions de se convaincre que l'homme instruit, par ses prévisions, par ses calculs, par ses judicieuses combinaisons, s'approprie les chances de cet avenir et marche à pas certains, sinon à la possession de la richesse, du moins à celle d'une honnête aisance; l'homme ignorant, au contraire, n'ayant rien pu calculer, rien su prévoir, et ne marchant que dans les ténèbres d'une routine machinale, n'aura trouvé, le plus souvent, au bout d'un travail pénible et accablant, que déception, douleur et misère. L'agriculture raisonnée d'aujourd'hui est bien supérieure à l'agriculture routinière d'autrefois, et l'agriculture de l'avenir, toujours de plus en plus éclairée par l'instruction et par l'expérience, sera bien supérieure encore à celle d'aujourd'hui; il n'y aura donc désormais en agriculture, comme dans les autres arts industriels, que les hommes instruits, que les hommes de science et d'expérience, qui pourront atteindre le but d'une prospérité assurée.

Travaillez donc, mes jeunes amis, et efforcez-vous d'acquérir de l'instruction, si vous voulez devenir des hommes supérieurs dans la noble profession que vous êtes appelés à exercer; et si vous voulez tenir un rang honorable dans la grande société humaine, sachez qu'il n'y aura bientôt d'autre chaîne de servitude que celle de l'ignorance, et que ceux qui n'auront pas su profiter des leçons qu'ils auront reçues ne seront que les serviteurs des autres.

Une étrange aberration qui s'est glissée depuis peu dans la profession de cultivateur, c'est celle qui fait croire à quelques pères de famille, qui y ont acquis de la fortune, qu'elle est maintenant au-dessous du rang que leurs enfants doivent tenir dans le monde; imbus de cette erreur, et bercés par de trompeuses illusions, ils les lancent par une instruction insolite, dans ce qu'ils appellent la carrière des professions libérales, en sorte que l'un sera médecin, un autre avocat, un autre négociant, un autre..... ce qu'il pourra. Insensés, qui ne voient pas qu'ils leur font quitter le certain pour l'incertain, qu'ils les lancent dans un avenir où ils ne trouveront le plus souvent que de cruels mécomptes. Qu'ils regardent donc de plus près cette haute société qui a pour eux tant d'attraits, et ils verront combien elle renferme d'abîmes sous son vernis doré; ils y verront que pour un médecin en pratique, il y en a dix qui ne font que végéter, il y en a d'autres encore qui, après avoir épuisé, pour leurs études, les ressources de leur famille, se trouvent dans un état voisin de la misère. Et dans le barreau, la carrière est-elle donc parsemée de roses? Pour un avocat justement renommé, et qui peut s'appuyer sur une clientelle solide, combien d'autres se trouvent forcés, pour vivre, d'aller mendier des causes qui les dédaignent? Les villes ne sont-elles pas peuplées de clercs d'avoués, de clercs de notaires, de clercs même d'huissiers, qui ne pouvant parvenir à acheter ou à payer une chétive étude, se voient condamnés à ensevelir dans l'obscurité et la gêne une jeunesse et des talents qui, consacrés à la noble profession de cultivateur, leur eût assuré une position paisible et honorable? En est-il autrement dans l'administration? n'y a-t-il pas vingt postulants pour chaque place à donner? Dans le haut commerce, c'est bien pis encore; pour un négociant qui fait fortune, combien d'autres se ruinent ou qu'attendent la faillite et la honte. La concurrence est si grande aujourd'hui dans toutes les professions libérales qu'il est bien difficile de s'y introduire, et surtout d'y trouver à se dédommager des dépenses que l'on a faites et des peines que l'on a prises pour y arriver. Le tout bien examiné, on peut voir aisément que de toutes les carrières humaines, l'agriculture est encore celle qui offre les moyens les plus certains de bien-être. Ah! sans doute, on n'y fait pas rapidement fortune; l'homme ignorant et paresseux qui ne sait qu'une routine traditionnelle, n'y trouvera même désormais que peines, privations et pauvreté; mais l'homme instruit, laborieux, persévérant, est certain d'y recueillir, sinon la richesse, du moins l'aisance et le bonheur. Aucune autre profession ne pourra désormais, comme l'agriculture, donner cette certitude.

Les enfants du cultivateur riche ou aisé qui abandonneraient la noble profession de leur père pour s'élancer dans le monde, afin de pouvoir y exercer une profession censée libérale, commettraient donc une faute qu'ils auraient à déplorer peut-être toute leur vie, tandis qu'une foule de raisons concourent à les attacher à la profession dans laquelle ils sont nés.

1° Par cela seul qu'ils sont nés et ont été élevés dans les habitudes de l'agriculture, ils sont plus aptes à en exercer la profession que ceux qui y sont étrangers.

2° Puisque leurs parents y ont fait leurs affaires, il est à présumer que les fils, en suivant les mêmes principes de conduite, y feront aussi les leurs.

3° Ils ont déjà en héritage de puissants moyens de succès, les instruments qui leur sont échus ou qui doivent leur écheoir en partage, les conseils et les exemples de ceux qu'ils sont appelés à remplacer.

4° Enfin dans la paisible profession où ils sont nés, ils ne marcheront que dans une route frayée, tandis que dans l'exercice d'une profession à laquelle ils sont étrangers, ils courraient le danger de s'égarer et de se perdre dans des routes inconnues.

Que l'éducation et l'instruction des jeunes hommes de la campagne soient donc en rapport avec l'art agricole qu'ils sont appelés à exercer. Le latin ni le grec, langues aujourd'hui inutiles à ceux mêmes qui se vouent à l'étude des sciences didactiques, sont bien plus inutiles encore à l'industriel et à l'agriculteur; le temps qu'ils passeraient à ébaucher ces langues mortes, serait pour eux un temps perdu sans nulle compensation; ce ne sont pas non plus des études de collége qui leur conviennent; mais une instruction primaire solidement acquise. Après la lecture et une belle écriture, c'est l'arithmétique que le jeune cultivateur doit s'efforcer d'apprendre, parce que le calcul doit présider à toutes ses combinaisons, doit être la base de toutes ses affaires, et que c'est par le calcul qu'il doit sans cesse se rendre compte de son avenir; les éléments de la géométrie, le dessin linéaire et l'arpentage viennent ensuite, et doivent le conduire à l'étude de la mécanique : les principes de cette dernière science lui sont d'autant plus nécessaires que c'est par leur application à ses outils, à tous ses instruments aratoires, qu'il trouvera le moyen d'abréger son travail et de le rendre plus fructueux; en tout et par tout, la corde et le levier, le coin et le treuil sont des puissances constamment à son usage, et dont il doit connaître par principe l'application et les effets.

A une solide instruction, il faut que le jeune cultivateur, qui veut exceller dans sa profession, joigne une persévérante activité; ce n'est pas seulement le travail matériel qui doit absorber ses moments, c'est aussi un travail intellectuel, c'est un regard investigateur qui doit s'étendre à tout, qui doit embrasser les plus petits détails aussi bien que l'ensemble de son exploitation. Sans doute il est bon qu'il mette la main à l'œuvre, qu'il montre l'exemple d'un praticien à ceux qui marchent sous sa direction; mais une infatigable surveillance sera autrement plus productive qu'un travail manuel soutenu au préjudice de son activité intellectuelle. Cependant il faut qu'il sache la pratique, il faut qu'il soit capable d'accomplir lui-même tous les genres de travail que demande une exploitation aussi variée par ses nombreuses exigences de chaque saison et même de chaque jour; on a vu souvent des manouvriers se jouer d'un patron qui ne connaissait qu'une vaine théorie, et qui incapable de redresser leurs instruments, de leur en indiquer l'usage par l'exemple, était dupe du travail qu'ils accomplissaient même sous ses yeux. On respecte toujours les ordres d'un maître qui, par la pratique, est capable de marcher le premier dans la voie qu'il prescrit aux autres ; on ne cherche pas à le tromper quand on sait d'avance qu'on ne peut le faire impunément.

Il faut donc que le jeune cultivateur, au sortir de l'école où il a puisé l'instruction que réclame sa belle profession, se mette à l'ouvrage, qu'il travaille à devenir praticien, afin de pouvoir donner l'exemple à ceux qu'il sera appelé à diriger ; et qu'il puisse trouver dans l'usage du travail une ressource pour sa famille, si des circonstances fâcheuses lui en faisaient une obligation; riche ou pauvre, il ne faut pas qu'il craigne de se confondre avec les ouvriers de l'exploitation où il fait son apprentissage, il faut qu'il apprenne, par eux et avec eux, à supporter la fatigue et les privations ; il faut qu'il mette de l'ordre et du goût dans son travail, fût-il le plus grossier en apparence ; il faut qu'il y attache la gloire du bon et du beau, qui sont en agriculture, comme en toute autre chose, le gage du succès. Le jeune cultivateur, fût-il riche, ne doit avoir de répugnance pour aucune des occupations que nécessite une exploitation rurale, il faut qu'il ait le courage d'en accomplir les plus repoussantes et les plus pénibles, il y gagnera une autre richesse beaucoup plus précieuse que la première, il y gagnera une constitution robuste, une force et une agilité dont est incapable l'habitant des villes; il y gagnera une santé et une vigueur qui se conserveront jusque dans la vieillesse.

Apprenez donc, mes jeunes amis, apprenez de bonne heure à travailler, et à travailler avec adresse et avec goût; quand vous serez arrivés à l'âge mur, si votre position vous le permet, vous pourrez vous en dispenser; mais tout en vous dispensant du travail matériel, souvenez-vous que votre vigilance ne doit jamais se reposer. L'œil du maître! l'œil du maître! voilà son travail le plus productif. Soyez, s'il est possible, le premier levé et le dernier couché : car il en est des écus en agriculture comme de la manne du désert, ils ne se cueillent qu'à la rosée, ils se fondent et disparaissent pour le cultivateur qui permet au soleil de se lever avant lui.

Mais il n'est pas bon que l'homme soit seul, a dit le créateur des hommes, il lui faut une aide pour être avec lui dans la vie; le cultivateur doit faire choix d'une épouse. Dans beaucoup de professions l'homme peut en exercer le travail en demeurant dans le célibat, il ne le peut pas dans l'agriculture, il faut qu'il s'adjoigne une compagne qui partage son activité et sa vigilance. La compagne qu'il aura choisie lui aura apporté une dot suffisante, si elle est laborieuse, économe, sévèrement attachée aux soins de son ménage; pendant que le cultivateur s'occupe des choses du dehors, son épouse doit partager son activité en faisant régner l'ordre dans sa maison, en y portant par tout un œil investigateur et une main laborieuse. Il est passé en proverbe que dans l'agriculture, la femme insouciante, paresseuse, qui aime la dissipation, qui préfère le luxe et la coquetterie au travail et à la vigilance, aura plus tôt consommé la ruine de sa maison, que les écarts du mari. Aussi, dans une exploitation agricole, une épouse bonne ménagère, active et laborieuse, en est le véritable trésor; sans cesse ornée de ces précieuses qualités, son mari doit l'environner sans cesse de tous les égards, de tous les sentiments du plus tendre attachement. Lorsque cet heureux accord règne entre les deux chefs d'une exploitation rurale, il est rare que leurs efforts ne soient pas couronnés de succès : s'ils ne parviennent pas à s'enrichir, du moins ils n'ont pas à craindre de se ruiner par leur faute.

Enfin, il faut au cultivateur pour réussir dans ses entreprises une probité inaltérable; il n'est point d'homme qui ait plus besoin de la confiance publique, et qui doive plus s'étudier à la mériter par une franchise et une loyauté sincères; celui qui a recours à l'astuce et à la surprise dans les affaires, peut bien réussir quelquefois, mais sa prospérité sera de courte durée, bientôt il inspire la méfiance et on ne traite avec lui que lorsque l'on ne trouve pas à traiter avec d'autres. On tâche de tromper l'homme qui trompe, on accorde au contraire pleine confiance à l'homme de bonne foi, partout il trouve de nouveaux moyens de spéculation, partout on lui accorde crédit, secours et protection. Aujourd'hui que l'instruction est universellement répandue, l'astuce et la duplicité sont promptement dévoilées, on les méprise et on les fuit. Que les jeunes cultivateurs se persuadent donc bien que la probité et les bonnes mœurs seront désormais les conditions essentielles d'un avenir prospère et honorable.

Mais il n'y a point de mœurs et de probité solides si elles ne sont fondées sur la religion. Pour toutes les conditions sociales l'irreligion est un aveuglement intellectuel, pour le cultivateur elle est à la fois un aveuglement intellectuel et une immoralité, car il n'est point d'homme qui soit plus près de Dieu, qui soit plus constamment avec Dieu que le cultivateur; comme les anciens Patriarches, il voyage avec Dieu, puisqu'il est sans cesse sous l'action de sa Providence. Le citadin, enclos dans le sein d'une ville, peut être assez fasciné pour ne pas le voir; l'habitant de la campagne ne peut ouvrir les yeux sans que le magnifique spectacle de l'univers ne lui montre partout la présence de Dieu, ne lui prêche partout sa puissance et son inépuisable bonté. Les semences qu'il confie à la terre, il voit la divine Providence s'en emparer, les faire germer, croître et mûrir, pour le soutien de sa vie. Le cultivateur, plus que tout autre homme, doit invoquer son Créateur chaque matin, et chaque soir l'adorer et le bénir.

Telles sont, mes jeunes amis, les considérations que j'ai cru devoir vous soumettre avant de vous introduire dans la discussion des principes et des règles de l'agriculture; ce que j'ai à vous en dire sera fondé sur ma vieille expérience, beaucoup plus que sur des théories hasardées ; car je me suis exercé dans la carrière ; comme vous êtes appelés à le faire, j'ai conduit tour-à-tour la bêche et la charrue, la faux et la faucille, la serpe et la cognée, ce sont là mes premiers maîtres dans la noble profession dont je vais vous enseigner les principaux éléments. Suivez-moi avec une attention soutenue.

INTRODUCTION.

L'agriculture est l'art de faire produire à la terre les divers biens de la vie humaine. Cet art est plus ou moins perfectionné, selon que la terre produit en plus grande abondance avec le moins de travail possible; tous les moyens d'abréger ce travail, de le rendre moins pénible et plus productif, voilà le but que doit se proposer l'agriculteur.

Pour arriver à ce but, il doit étudier la nature du sol qu'il est appelé à cultiver, les instruments propres à y faire un bon labourage, les engrais qui peuvent le féconder, les plantes qui lui conviennent, les animaux qu'il est le plus avantageux d'y établir, et les autres moyens de conduire une exploitation à des profits certains et durables.

TRAITÉ ÉLÉMENTAIRE
D'AGRICULTURE.

CHAPITRE I.

DE LA CONNAISSANCE DU SOL.

La terre n'est pas moins variée dans les diverses propriétés du sol qui en couvre la surface que dans ses productions spontanées. Il faut donc commencer par l'étudier, afin d'en découvrir la nature, et combiner les diverses applications qui lui sont propres.

On divise ordinairement la surface du globe en terres *arables* ou qui peuvent être cultivées, et en terres *stériles* ou impropres à la culture. Les terres arables se divisent communément en *terres fortes* et en *terres légères*. Les premières comprennent les sols argileux, les limons, et les autres sols compactes. On admet dans les terres légères, les sols sablonneux, calcaires, craieux, et généralement tous les sols qui se divisent et s'ameublissent facilement. Il est de la plus haute importance de bien connaître la nature de chaque sol; d'en apprécier les propriétés particulières afin de leur donner une diversité analogue de labours, d'engrais, d'ensemencements et de saisonnements; en sorte que ce qui convient à chacun lui soit spécialement appliqué.

Les sols argileux ont pour caractère spécial la tenacité qui les rend d'un accès difficile. Ils s'imprégnent aisément d'eau, et forment alors une espèce de mortier visqueux que l'on s'efforce en vain de diviser et d'ameublir. Et, malgré leur affinité pour l'eau, la sécheresse n'a pas moins sur eux un effet prompt et instantané, qui les fait crevasser, les durcit et les rend impropres à la culture. Il faut donc saisir le moment favorable pour y porter la bêche ou la charrue, et les travailler plutôt mouillés que trop secs. Il n'y a point de meilleures terres lorsque l'argile pure n'y entre que pour moins de moitié, mais il en est peu de plus difficiles à la fois et de plus inféconde lorsque l'argile y domine pour plus des trois quarts; les terres argileuses sont très-propres à la production du blé, de l'orge, des vesces et du trèfle; le fumier vert, les engrais compactes, les terreaux des chemins lui conviennent et il ne faut pas en craindre l'excès parce qu'ils s'y conservent plus long-temps que dans les terres légères.

Les terres *limoneuses* font aussi partie des terres fortes; sans être aussi tenaces que les sols argileux, elles ne sont guère moins compactes; elles s'imbibent lentement, mais une fois imbibées, si on parvient à les ameublir, elles résistent à la sécheresse, et se conservant long-temps dans un précieux état de fraîcheur, les plantes s'y soutiennent et y végètent avec vigueur pendant les plus grandes chaleurs. Lorsque ces sortes de terres reçoivent un labour plein et profond, et de bons engrais, elles donnent les plus abondantes récoltes ; elles ne se refusent ordinairement à la production d'aucune céréale, néanmoins dans quelques contrées et sous certains climats, il est plus avantageux de leur faire produire du seigle et de l'avoine que du blé et de l'orge ; elles se refusent aussi bien rarement à la production des plantes fourragères, textiles et oléagineuses, mais ce sont les plantes racines qu'elles affectionnent par dessus tout ; en général le sol limoneux est de tous les sols le plus fécond, c'est pourquoi on le désigne presque partout sous la dénomination de *terre franche*.

Il y a une autre espèce de terre forte qui tient le milieu entre les limons et les terres argileuses, la couleur en est ordinairement *blanchâtre*. Cette terre est très-compacte sans être tenace, parce qu'il entre dans sa composition un sable très-fin ; la moindre pluie la tasse et la durcit à sa surface ; mais malgré cet inconvénient, elle n'est point difficile à prendre, elle s'ameublit même très-aisément quand on a eu soin de la laisser se ressuyer avant d'y mettre la charrue. Cette sorte de terre est généralement propre à la luzerne et à toutes les espèces de céréales.

En première ligne des terres légères nous placerons les sols *sablonneux* ou *ciliceux*. De tous les sols arables ce sont les plus perméables à l'air et à l'eau, et c'est par la même raison que la sécheresse s'en empare aussi et les pénètre aisément; lorsque le printemps se porte hâleux, on voit dans ces sortes de terrains les plantes souffrir, se faner, se flétrir, tandis que dans les terres fortes elles végètent avec la plus grande vigueur; la culture en est facile, peu coûteuse, un âne y conduira la charrue avec plus de facilité que deux chevaux dans les terrains argileux, cependant il faut se garder d'y pratiquer des labours trop fréquents, surtout pendant la sécheresse. Les sols sablonneux ne veulent que des fumiers consommés, pulvérulents; la poudrette et la colombine y font merveille; quoique les plantes n'y viennent que bien rarement vigoureuses, si ce n'est à force d'engrais, ils n'en refusent presque aucune; ce sont particulièrement des terres à seigle, à sainfoin, à navets et à quelques herbacées.

Les sols *calcaires* font aussi partie des terres légères, on appelle de ce nom tous les terrains qui contiennent de la pierre à chaux, des galets et autres pierres légères et friables; ces terrains sont si faciles à cultiver qu'on peut y mettre la charrue sans inconvénient, immédiatement après la pluie comme pendant la sécheresse; toute espèce d'engrais leur conviennent et il ne faut pas en craindre l'excès. Les terres calcaires ne veulent point de seigle, peu d'avoine, elle doivent être entièrement consacrées à la production du froment et de l'orge qui y donnent beaucoup de grain, et un grain de première qualité. Un autre genre de farineux qui convient particulièrement aux terres calcaires c'est le maïs, généralement trop négligé, mais dont on finira, il faut l'espérer, par reconnaître l'importance; les plantes fourragères qu'il faut y placer entre les céréales sont le trèfle et par-dessus tout le sainfoin qui y donne des récoltes d'une prodigieuse abondance; mais il ne faut pas demander à ces sortes de sols de récoltes racines, à moins que la couche arable n'y soit profonde et qu'on ait à y placer une grande quantité d'engrais.

Enfin nous mentionnerons parmi les terres légères les sols *craieux* et *granitiques*. Les premiers ont si peu de consistance, que non-seulement la pluie les pénètre avec une promptitude étonnante, mais les décompose et les entraîne dans les bas fonds; il ne faut labourer ces terrains que pour en détruire les mauvaises herbes et pour y couvrir les semences et les fumiers, attendu qu'ils sont toujours assez et même trop ameublis : il ne leur faut que des engrais tenaces qui puissent en lier les parties tels que les fumiers de vache non consommés, et surtout les boues des mares et des fossés. Les seconds, qui ne sont qu'une décomposition de roches granitiques, sont généralement arides et peu féconds; ils ne craignent pas de fréquents labours, mais ils ne produisent bien qu'à force d'engrais.

Ces deux sortes de terrains, dont le premier domine dans la Champagne, et l'autre dans la Bretagne, n'admettent guère d'autres céréales que le seigle et l'avoine, mais on peut remplacer les autres graminées par une plante bien précieuse et qui y vient très-bien, surtout dans les terres granitiques de la Bretagne, c'est le sarrasin ou blé noir; cette plante peut encore y être utilisée d'une autre manière, c'est d'être enfouie en vert, pour servir d'engrais qui est toujours fort rare dans ces deux provinces. Peu de plantes fourragères peuvent y être produites à l'exception d'une seule encore trop peu connue, la *spergule* qui serait d'une ressource immense dans ces sortes de terrains; cette plante, dont les bestiaux sont très-friants, vient dans les plus mauvais sols et surtout dans les sols arides qui se refusent à produire tout autre fourrage; on peut encore suppléer à ce défaut de plantes fourragères par des plantes légumineuses, telles que les navets et les choux, surtout le chou cavalier du Poitou, qui croît assez bien dans les terrains granitiques et y est d'une grande ressource en hiver; on peut enfin cultiver dans ces sortes de sols quelques plantes textiles, telles surtout que le lin qui vient très-bien dans les terres granitiques de la Vendée et des environs de Cholet.

Il y a encore des terrains *spongieux*, appelés autrement *terres de bruyères*, des terrains *ferrugineux*, *graveleux*, et d'autres encore qui participent plus ou moins de la nature de ceux que nous venons de décrire, et que l'expérience fera mieux connaître que toutes les dissertations théoriques; le laboureur praticien sait mieux discerner et classer les sols qu'il cultive que toutes les épreuves chimiques à l'aide desquelles de prétendus agriculteurs, qui n'ont jamais labouré que sur le papier, croient pouvoir, du sein de leur laboratoire, découvrir tous les secrets de l'agriculture. C'est en vain que l'on soumettra quelques mottes de terre à l'action des acides, on ne suppléera jamais à la pratique par des dissertations purement théoriques; il faut, pour connaître la nature arable d'un terrain, y enfoncer la bêche ou la charrue, il faut pour l'expérimenter avoir su braver le chaud et le froid, le vent et la pluie; il faut l'avoir arrosé de sa sueur pour en connaître la portée et la valeur; voilà le vrai moyen de corroborer les théories et de les rendre claires et certaines.

Nous aurions maintenant à parler du gîte sur lequel repose la couche arable, et qu'on appelle le *sous-sol*, mais nous aurons à nous en occuper au chapitre du labourage, car c'est sur cette connaissance du sous-sol que doivent être établis la profondeur et les divers modes de labours; nous nous bornerons à dire que les couches de terres arables et productives, sont assises ou sur l'argile, ou sur le sable, ou sur le tuf, ou sur la roche calcaire, ou sur la roche granitique.

Quelle que soit la nature des couches de terres arables et celle du gîte ou sous-sol sur lequel elles reposent, ces couches ne sont fertiles qu'en raison de la quantité d'*humus* ou *terreau* qu'elles contiennent. On peut dire que c'est cet humus qui fournit aux plantes leur aliment quotidien, et qui les entretient dans la vie organique dont la nature les a douées. Cet humus n'est lui-même qu'un dépôt de matières organiques, végétales ou animales, tenues en décomposition ; car sans les débris des êtres organisés qui ont autrefois peuplé et garni la surface de la terre, les plantes que nous lui confions n'y trouveraient ni germination, ni développement, ni vie ; la terre pure en est bien le support, mais dans son état de pureté native, elle ne fournit ni aliment, ni aucun principe de vie ; c'est donc l'humus dont la terre est imprégnée, qui fournit aux plantes leur nourriture et tous leurs principes vitaux ; plus une terre arable contient de cet humus végétal, plus elle est fertile ; moins elle en possède, plus elle est ingrate et stérile.

Ce principe établi, il est facile de s'apercevoir que ce n'est pas toujours l'épaisseur de la couche arable qui en fait le mérite et le prix, mais la quantité d'humus qu'elle renferme. Il y a des terrains dont la couche végétale est peu épaisse et qui n'en sont pas moins d'une fertilité admirable, tandis qu'il en est d'autres d'une profondeur plus qu'ordinaire, et qui ne paient qu'avec une désespérante parcimonie les soins et les peines du laboureur. C'est donc la plus ou moins grande quantité d'humus que la terre contient qui en fait toute la différence ; cependant il faut avouer qu'en général, plus la couche arable a de profondeur, plus elle est fertile, et plus par conséquent elle a de valeur, parce que c'est ordinairement l'humus lui-même qui concourt à former son épaisseur, et que s'il y a des sols peu profonds qui soient plus fertiles que d'autres sols qui ont toute la profondeur désirable, ce n'est qu'une exception à la règle commune.

CHAPITRE II.

DES INSTRUMENTS DE CULTURE.

Dans les premiers âges du monde, l'agriculture fut sans doute inconnue ; les premiers hommes vécurent de la chasse, de la pêche, et de quelques productions spontanées de la nature. Lorsque la race humaine se fut propagée et que les individus furent devenus assez nombreux pour former des familles distinctes et des tribus, on commença à apprivoiser et à élever des animaux herbivores pour se nourrir de leur chair, de leur lait, et en tirer d'autres moyens de bien-être ; les hommes devinrent pasteurs avant de songer à cultiver la terre : tels sont encore les peuples nomades qui parcourent les déserts de l'Arabie et les steppes de l'Asie septentrionale. Ce ne fut qu'après une longue suite de siècles que l'on finit par confier à la terre quelques semences : de là la naissance de l'agriculture.

Le labourage à son commencement fut sans doute bien imparfait, un pieu plus ou moins pointu en fut l'instrument ; après la découverte et la manipulation du fer, on l'arma d'une pièce de ce métal : telle fut la bêche, premier instrument artificiel d'agriculture. On l'a perfec-

2

tionnée et modifiée depuis de bien des manières, car la houe, la pioche et tous leurs dérivés ne sont que la bêche courbée, contournée et diversement appropriée aux divers travaux qu'elle est appelée à accomplir. Toutes les machines à bras employées à la culture de la terre, et pendant des siècles on n'en connut point d'autres, ne furent que la bêche différemment appliquée aux travaux agricoles.

La bêche a été et sera, de toutes les machines à bras employées à cultiver la terre, la plus puissante et la plus efficace, parcequ'elle est un levier, et un levier de premier genre; on ne pouvait donc rien inventer de plus simple à la fois, et de plus productif, lorsque l'agriculture n'eut pour moteur que la force de l'homme; mais lorsque l'on fut parvenu à apprivoiser nos deux principaux quadrupèdes herbivores, le bœuf et le cheval, qu'on en eut amené les espèces à l'état domestique, et qu'on leur eut appris à traîner de lourds fardeaux, alors fut inventée la charrue, à laquelle on les attela pour en sillonner la surface de la terre.

A son origine, la charrue fut bien simple et bien grossière : une longue branche fourchue, dont l'un des rameaux forma un crochet que l'on arma d'un fer pointu, fut le premier instrument du labourage, mu par la puissance des animaux. Peu à peu on perfectionna une machine dont l'usage agrandissait d'une manière si éminente les sources du bien-être humain; par la suite on y adopta le coutre, le versoir; on en régularisa le mécanisme, et on finit par la rendre à la fois plus commode et plus productive.

Les premières charrues ne furent que l'araire; et les descriptions qui nous en viennent de l'antiquité, ne nous les peignent point autrement; mais lorsque la république romaine eut consolidé ses institutions, et qu'elle put cultiver en paix les arts et l'industrie, on plaça la charrue sur un avant-train; ce nouveau mode de construction lui fit perdre de sa simplicité, la rendit plus lourde, plus embarrassante, plus résistante à l'action de la puissance motrice; mais ces défauts furent rachetés par de grands avantages; l'avant-train en régularisa la marche, lui donna une action plus puissante et mieux soutenue sur le sol, et pour l'homme qui la conduit, une plus grande facilité à la tenir en ligne.

Comme il n'est point dans les arts mécaniques de machines dont l'importance égale celle de la charrue, puisque sur elle repose la production des premiers biens de la vie humaine, il n'est point de forme qu'on n'ait bien cherché à lui donner, point de modification que l'on ne se soit bien efforcé de lui faire subir, pour la porter au plus haut point possible de perfection; de là, ces milliers et ces centaines de milliers de charrues diverses, qui, dans tous les pays du monde civilisé, ont été inventées, et dont les quatre-vingt-dix-neuf centièmes, tombées dans l'oubli, aussitôt leur naissance, sont demeurées inconnues à la génération présente, et le génie si fécond de notre siècle n'est pas prêt d'arrêter ses investigations et ses recherches sur une machine déjà si simple, mais en même temps si féconde en moyens de bien-être, de sociabilité et de civilisation.

Nous ne décrirons point la charrue, ce serait peine perdue puisqu'il en existe partout, et que tout le monde la connaît; nous nous en tiendrons aux règles de la logique qui dit que la meilleure définition qu'on puisse donner d'une chose, c'est de la montrer; nous dirons néanmoins, contre les données de nos grands théoriciens, qu'il ne peut y avoir pour tous les pays une seule et même charrue, et qu'une charrue universelle ne serait pas moins une impossibilité en économie rurale, que ne l'est en science grammaticale, une langue universelle. Il y a autant de charrues diverses qu'il y a de pays et de terrains divers, cela a toujours été et cela sera toujours; autant il y a de sols différents, de climats différents, autant il faut de modes différents de labourage; or, il faut à chaque mode de labourage une charrue particulière. Le laboureur praticien sait, et nos grands théoriciens devraient apprendre, qu'une même charrue ne peut également bien faire dans une terre franche et parfaitement horizontale, et dans un sol rocailleux et sur un coteau à pente rapide; que tel pays et tel climat demandent un labourage à plat, tel autre un labourage à gros sillons bombés et tel autre un labourage à billons, et qu'il faut pour ces pays et ces climats divers autant de charrues différentes. Les efforts qu'on a faits pour propager et rendre universelle la *Charrue-Guillaume*, la *Charrue-Dombasle* sans avoir pu réussir à les fixer nulle part, et ceux qu'on fait aujourd'hui en faveur de la *Charrue-Granger*, qui certes n'est pas sans mérite, mais qui n'en aura pas moins le sort de ses devancières, prouvent qu'une même charrue, quelque parfaite qu'on la suppose, ne peut convenir à tous les pays. Ce n'est point la routine, si blâmable sous tant d'autres rapports, qu'il faut blâmer ici, car elle a pour elle la diversité des sols et des climats, qui s'opposent et qui s'opposeront toujours à des innovations trop brusques et trop absolues.

Cependant la charrue presque partout est encore très-imparfaite; dans certaines contrées sa construction est si négligée qu'elle révolte à la fois l'art et le bon sens ; il ne faut pourtant pas la proscrire du pays où elle est établie depuis des siécles pour lui en substituer tout-à-coup une autre, qui, quelque bien faite qu'elle fût, y vaudrait peut être encore moins ; mais il faut refaire, modifier, perfectionner celle qui y est en usage ; il faut pour cela examiner la nature du sol, ses accidents, son climat, le mode de labourage qu'il comporte, et baser sur toutes ces considérations les changements que réclame la charrue qu'y a fixée l'expérience des siècles. La meilleure charrue pour chaque pays sera toujours celle qui aura le plus d'analogie avec le mode de labourage qu'il comporte; les charrues du Poitou, du Limousin, du Berry sont certainement très-imparfaites, transportez-y la charrue de Flandre à juste titre tant vantée, la charrue de Brie une des meilleures de France, ces deux charrues y vaudront moins encore que celles qui y sont en usage, parce que dans leur imperfection même, ces dernières sont analogues au mode de labourage qu'exigent le sol et le climat de ces contrées.

La charrue de Flandre, où le labourage est porté à un si haut point de perfection, convient parfaitement à ce pays plat et à ses terres franches et profondes ; mais cette même charrue serait totalement déplacée dans les sols rocailleux du Forêt et de la haute Auvergne, ou dans les sols caillouteux de l'Angoumois et de l'Anjou, et elle n'y ferait qu'un mauvais labourage. Il en est de même de la charrue de Brie ; elle n'est une des moins imparfaites que pour le pays où elle fonctionne ; elle serait absolument impropre au labourage à billons. Transportée dans les coteaux et dans les sols graveleux du Limousin et du Poitou, son soc si bien approprié aux terres franches, surtout pour retourner une luzerne, rompre une prairie ou une pièce de chaume, ne pourrait pas y creuser une seule raie sans être à chaque instant dépiqué. On a donc tort de blâmer le soc demi-rond et longitudinal en usage dans ces deux pays ; c'est le seul qui puisse convenir à la nature du sol, à ses accidents, et au mode de labourage qui s'y pratique.

La charrue de Brie, comme nous l'avons remarqué, est une des moins imparfaites parmi les charrues françaises. Elle trace une raie régulière, bien curée, elle lève et renverse bien sa tranche ; mais nous ne lui reprocherons pas moins deux défauts essentiels, qu'il serait facile de faire disparaître. Le premier est dans sa coupe qui n'est pas assez angulaire ; elle a un *jabot* trop obtu, au lieu de fendre la terre, elle la *boule*, la tasse devant elle ; et par ce défaut, elle apporte au tirage une résistance qui exige de la puissance motrice un tiers plus de force qu'il n'en faudrait si la coupe en était plus aigüe. Le laboureur ne doit jamais perdre de vue que ménager ses animaux de travail c'est ménager sa bourse ; que, par cette raison, sa charrue doit exiger le moins de tirage possible : sans rien perdre de ses autres qualités, elle arrivera à ce point de perfection, si la coupe en est plus allongée et plus aigüe. La charrue est un coin destiné à fendre la terre comme le coin de fer est destiné à s'enfoncer dans une pièce de bois ; comme lui, plus elle sera coupante, moins elle exigera de force motrice, moins elle fatiguera l'attelage, et plus elle aura une marche régulière.

Un autre défaut de la charrue de Brie, c'est d'être trop *goularde*, d'avoir trop d'ouverture. L'*âge*, ou la *haie*, ou la *perche*, ou l'*aiguille*, tous ces noms désignent la même pièce, celle où s'attache la chaîne ou la bride de l'avant-train ; l'âge, disons-nous, porte sur un support beaucoup trop élevé. Les roues ayant un assez grand diamètre, ce qui est un perfectionnement, si le support n'était élevé sur l'essieu que d'un demi mètre, la charrue piquerait mieux, aurait une marche moins versatile, serait plus facile à tenir en ligne, et exigerait moins de tirage. Si ces deux défauts disparaissaient, la charrue de Brie serait une des plus parfaites de France, pour le pays où elle est en usage.

Le défaut contraire à celui que nous reprochons à la charrue de Brie, d'être trop ouverte, trop goularde, est précisément celui du plus grand nombre des charrues du midi et de l'ouest de la France : presque toutes sont trop fermées. Les roues de l'avant-train étant beaucoup trop petites, l'essieu, par cela même, est très-bas, et le chevalet ou support n'étant qu'à trois ou quatre pouces au-dessus de l'essieu, ne permet pas assez d'ouverture à la charrue. Alors si elle fonctionne sur du chaume, dans une terre glaiseuse, infestée de chiendent et d'autres mauvaises herbes, surtout par un temps de pluie, elle est toujours obstruée ; il faut arrêter à chaque instant pour *dégouler* et la vider ; d'un autre côté, elle boule la terre devant elle, elle est toujours dépiquée, il faut que le laboureur pèse dessus de tout son poids pour l'enfoncer et la tenir dans la raie ; et au lieu de guéret elle ne fait que du *fouilli* ou mauvais labourage. Si le chevalet était plus élevé, la charrue prendrait plus d'ouverture, ne serait point sujette à être obstruée ; et, ce défaut essentiel disparaissant, d'autres défauts disparaîtraient avec lui.

Nous ne passerons point sous silence une charrue que nous avons vue fonctionner avec admiration, qui ne le cède point à la charrue de Brie, si même elle ne lui est supérieure, quoique beaucoup moins embarrassante ; nous voulons parler de la charrue perfectionnée de

Lorraine dont se sert très-avantageusement M. Pernet-Paradis, cultivateur à Heiltz-le-Maurupt, département de la Marne. Quoique le versoir et les autres parties essentielles soient en fer battu, elle n'en est pas moins très-légère ; la coupe en est si régulièrement aigüe, qu'un enfant peut la tenir en ligne ; elle coupe la tranche, la renverse et glisse dans la raie avec tant d'aisance, qu'elle ne fait pas moins d'ouvrage et ne le fait pas moins bien que la charrue de Brie, et elle n'exige pas plus de la moitié de la force motrice que nécessite cette dernière.

La force de tirage, c'est à quoi on ne fait pas assez d'attention dans la construction des charrues. Pourvu qu'une charrue s'enfonce dans le sol, qu'elle prenne une tranche plus ou moins large et la renverse, c'est tout ce qu'on exige ; on ne prend pas la peine d'examiner si, moins lourde, et surtout moins obtuse, elle n'offrirait pas moins de résistance, et si elle ne fatiguerait pas moins les animaux et l'homme chargés de la conduire. Passe encore pour l'homme, il a le droit de parler et de se plaindre ; mais les pauvres animaux sont souvent exténués sans qu'on y prenne garde. Il ne faudrait néanmoins qu'une légère modification, surtout celle de rendre la charrue plus coupante, pour épargner à ces animaux de travail la moitié d'une fatigue qui les épuise et les amaigrit. Nous ne nous lasserons point de répéter aux laboureurs, que celui qui a soin de ses animaux de travail, et qui les ménage, veille à la conservation de sa bourse.

Qu'il me soit permis de copier ici les paroles de l'un de nos meilleurs praticiens français sur les qualités qui caractérisent une bonne charrue : « Une bonne charrue doit faire un » bon labour, c'est-à-dire couper nettement » la terre, et la bien verser sans la presser. » Elle doit être peu tirante, et pour cela, » n'être pas trop lourde ni trop massive. Il » faut que la charrue longe la haie par-dessous, » et ne la fasse pas trop peser sur l'avant-train, » et celui-ci sur la terre ; car c'est la pression » de l'avant-train sur le sol qui est la princi- » pale cause du plus de tirage qu'exigent les » charrues à avant-train, comparativement » aux araires. Une charrue bien faite, bien » assemblée, bien réglée, doit pouvoir, dans » un terrain exempt de pierres, marcher un » certain temps sans qu'on la tienne, et sans » pour cela dévier à droite ou à gauche, soit » qu'elle sorte de terre ou qu'elle s'enfonce. » Elle ne doit pas non plus lever la partie pos- » térieure du sep. Enfin on exige d'une bonne » charrue qu'elle puisse, à volonté, prendre » une raie superficielle ou profonde, étroite » ou large. »

Je n'ai jamais passé auprès d'une charrue sans m'y arrêter, sans l'examiner, sans rechercher ce qu'elle pouvait avoir de bien, eu égard au pays où elle était en usage, sans blâmer ce que je croyais être mal ; aussi, je leur ai presque toujours trouvé des défauts essentiels, que l'on aurait pu aisément faire disparaître. J'invite les jeunes laboureurs à en faire autant, à examiner et à comparer entre elles

les charrues qu'ils auront occasion de voir, de tâcher d'en découvrir les défauts, de marquer les perfectionnements dont elles sont capables ; mais toujours en tenant compte du sol et du pays pour lesquels elles sont faites.

Pendant tout le temps que j'ai été attaché aux travaux agricoles, j'ai construit moi-même ma charrue. Quoique appliqué bien jeune au labourage, je modifiai, je refis la charrue qui m'était destinée; et j'avoue que je fus, à cet égard, bien secondé et bien encouragé par mon vénérable père : depuis, je ne permis à personne de construire ma charrue. J'invite encore ici les jeunes laboureurs à m'imiter, en essayant de modifier, de construire et de perfectionner eux-mêmes leur charrue ; les pères de famille et les maîtres de ferme gagneront eux-mêmes à leur en fournir les moyens. Les uns et les autres, en y concourant par un mutuel accord, peuvent faire avancer l'agriculture de quelques pas. Que tous songent au succès et à la gloire de Granger.

Ce qui prouve que toutes les charrues peuvent être efficacement modifiées et perfectionnées, c'est que celle qui est aujourd'hui la plus généralement en usage, la charrue à avant-train, n'est pas très-ancienne, et qu'elle n'est qu'un perfectionnement de l'*araire*, qui est la charrue primitive. L'araire beaucoup plus simple, mais aussi beaucoup plus restreint dans ses effets et dans son produit que notre charrue moderne à avant-train, va s'atteler directement par l'âge ou la perche, au joug des bœufs ou au collier des chevaux. Cette charrue qui peut suffire dans des sols purement sablonneux ou pulvéruleux, qu'il s'agit seulement d'écorcher ou de gratter pour les préparer à produire, ne peut plus convenir dans nos terres fortes ; et si les contrées du midi de la France, encore si arriérées en agriculture, qui ont conservé l'araire, échangeaient cette charrue pour la charrue à avant-train, elles y gagneraient beaucoup.

Cependant l'usage de l'araire a été très-avantageusement appliqué, dans ces derniers temps, à la culture de la vigne, dans les contrées où elle est demeurée *vigne basse*, et où elle est plantée en ligne sur des planches alternes, avec la même étendue de terre laissée en culture à blé. Cette nouvelle manière de cultiver la vigne est, de toutes, la moins dispendieuse; et, certes, elle n'est pas la moins productive. La vigne ainsi laissée libre, entre deux planches ou sillons de terre à blé, et labourée au moyen de l'araire, est d'une culture si simple et si facile, que la dépense en est extrêmement minime. C'est M. Audry de Puyraveau qui en fit l'essai, et qui le premier en a introduit l'usage dans la Saintonge. Cet excellent usage s'est répandu dans les contrées voisines, et il se propagera partout où peut se faire la culture des vignes basses.

On emploie encore très-avantageusement l'araire au buttage de la pomme de terre et des autres plantes sarclées, lorsqu'on a eu le bon esprit de les planter en ligne avec un semoir artificiel. L'instrument moderne que l'on appelle plus particulièrement *buttoir*, n'est autre chose qu'un araire à double versoir ou à deux oreilles.

Le second instrument d'agriculture dont l'importance suit celle de la charrue, c'est la *herse*. On en fait de plusieurs dimensions et de formes diverses : nous pensons que pour les labours à plat, la forme triangulaire est la plus avantageuse. Les dents doivent être alternes dans les traverses, et espacées en losange, en sorte que chacune doit former sa raie à égale distance des autres raies tracées par les dents voisines ou les dents précédentes. Les dents doivent être légèrement inclinées en avant, afin de mieux piquer dans la terre et d'en détacher les racines des mauvaises herbes. Les dents en bois peuvent suffire dans les terres légères, craieuses ou sablonneuses, mais elles doivent être en fer pour les terres fortes, qui chargent de chiendent et autres plantes parasites à racines traçantes ou chevelues.

Le hersage des terres est une des façons essentielles du labourage, après celle de la charrue. Cependant il n'est pas toujours nécessaire d'employer la herse ; il est même des circonstances, telles que celle d'une saison pluvieuse, où les effets en sont nuisibles. Il faut donc tâcher de ne donner les hersages que par un temps hâleux, qui ressuie la terre et la tienne ameublie après le passage de la herse. En suivant de près la charrue, sur une jachère ou sur un rompis de prairie artificielle, elle déterre les racines des plantes parasites, et les expose à l'action de l'air et de la chaleur. Elle brise aussi les mottes, émenuise la terre et la rend plus perméable aux principes fécondants de l'atmosphère. L'excès de la herse est rarement à craindre, moins à craindre même que l'action trop souvent répétée de la charrue sur certains sols poreux et peu profonds; il ne faut pas craindre de la passer et de la repasser de long et de travers, et même pendant la plus grande sécheresse sur les jachères raboteuses et infestées de mauvaises herbes.

Les hersages du printemps sont une façon indispensable aux céréales d'hiver, surtout dans les terres fortes, telles que les limons et les autres terres compactes. La surface tassée par les pluies a une tendance à se durcir par l'effet des premières chaleurs printanières, et s'opposerait au développement des racines et au talement de la plante. L'action de la herse est donc nécessaire pour réameublir la terre, réchausser la plante et la préparer à une végétation plus vigoureuse. Les dents de la herse, en pénétrant le sol, arrachent bien quelques brins de blé; mais cela ne doit pas arrêter le laboureur, parce que ce qui reste héritant de toute la nourriture destinée à ce qui disparaît, donnera une abondance bien supérieure à celle qu'aurait produite le tout, privé du bienfait du hersage.

L'extirpateur, instrument nouvellement introduit dans l'agriculture, n'est qu'une modification de la herse. Cet instrument s'appuie sur un support destiné à le faire piquer ou dépiquer, et il est soumis à deux mancherons au moyen desquels on le dirige. Ses dents sont recourbées en cœur à leur base, en sorte qu'elles tiennent à peu près le milieu entre la dent ordinaire de la herse et le soc de la charrue.

L'extirpateur est un instrument très-avantageux dans la culture des terres fortes et compactes, et, comme l'indique son nom, il en extirpe le chiendent, les hièbles, les chardons et les autres plantes nuisibles.

Le *rouleau* est aussi un instrument d'un grand mérite en agriculture. Il est fabriqué ordinairement d'un gros tronc d'arbre ; il est bien rarement en pierre et en fonte. Le rouleau, dont l'usage est suivi de si heureux effets, ne peut être employé que dans la culture à plat, en planches, ou à gros sillons : malheureusement le labourage en billons qui se pratique encore dans une grande partie de la France, en interdit l'usage.

L'usage du rouleau est inappréciable sur les terres légères et sur toutes les terres *venteuses* qui se décomposent à la gelée ou qui deviennent pulvérulentes par le contact de l'air. Son application est aussi d'un grand prix pour briser les mottes des terres compactes, les aplanir et en préparer la surface à l'action de la faux, soit pour la moisson des céréales, soit mieux encore, lorsque ces terres sont converties en prairies artificielles. Sur les terres légères, craieuses ou sablonneuses, l'usage du rouleau est indispensable pour les tasser sur la semence qui leur est confiée, et leur donner plus de consistance pour retenir l'eau et pour résister à la sécheresse. C'est au printemps qu'il faut faire usage du rouleau, sur les semis d'automne comme sur ceux de mars, lorsque la gelée a déchaussé les plantes et en a mis les racines à nu. La terre ainsi raffermie par le rouleau, en a pour ainsi dire reçu une replantation des céréales dont l'hiver avait soulevé les racines ; et il a préparé ces mêmes céréales à une végétation qui, sans lui, n'eût été que faible et languissante.

Enfin, un nouvel instrument qui vient d'être introduit dans l'agriculture, c'est la *houe à cheval*. L'usage de cet instrument est de la plus haute importance pour la culture des plantes sarclées, semées en ligne, ainsi que cela se pratique généralement aujourd'hui. La houe à cheval nettoie très-bien le sol des mauvaises herbes, donne un très-bon binage, et accomplit le travail de huit hommes qui suivent l'ancien usage de la houe à la main. Il faut faire des vœux pour que cet instrument soit mieux connu, et pour qu'il se répande dans toutes les exploitations un peu considérables.

Tels sont les principaux instruments aratoires aujourd'hui en usage en France. On en a inventé et on en inventera sans doute bien d'autres ; mais ils n'ont été et ils ne seront que des modifications de ceux que nous venons de mentionner.

CHAPITRE III.

DU LABOURAGE.

Le but du labourage est de préparer la terre à produire les biens de la vie. Cette préparation exige de l'homme des soins, du travail, des peines ; il faut, pour que la terre lui donne les biens nécessaires au soutien de son existence, qu'il l'arrose de ses sueurs, et quelquefois de ses larmes. Telle est sa destinée terrestre ; il fut condamné dès son origine à manger son pain à la sueur de son visage. Puisqu'il est condamné à la peine, il doit chercher à en diminuer la somme, en faisant produire à la terre qui doit le nourrir le plus de biens possibles avec le moins de travail possible. Il doit donc s'efforcer de rendre le plus fructueux possible le labourage qu'elle exige.

La préparation de la terre par le moyen du labourage exige principalement ces quatre choses : 1° ameublir le sol en divisant et en émenuisant ses parties constitutives ; 2° le rendre perméable, c'est-à-dire pénétrable à l'influence de l'air, à l'action de l'humidité, de la rosée et des autres principes fertilisants de l'atmosphère ; 3° opérer le mélange de l'humus et des engrais dont ce sol a besoin d'être enrichi; 4° enfin procéder à l'enfouissement des semences ou des plantes qu'on lui confie.

La terre a besoin d'être ameublie, afin que les plantes puissent y germer, y enfoncer leurs racines, c'est-à-dire les suçons à l'aide desquels elles pompent pour croître, végéter et vivre, les sucs fertilisants qu'elle contient. Ce sont particulièrement les terres fortes qui ont d'autant plus besoin de cet ameublissement, que leurs molécules ont une plus grande tendance à se rapprocher et à s'unir; c'est pourquoi il faut les diviser, les émietter avec d'autant plus de soin qu'elles se tassent plus aisément par la pluie et se durcissent par la sécheresse.

Il est reconnu aussi que l'air, la rosée et les autres météores atmosphériques, ne pénètrent bien la terre qu'autant qu'elle est divisée, qu'elle est rendue légère et poreuse par de bons labours. Cet ameublissement donné à la terre est une des conditions essentielles de sa fertilité : car si l'air qui contient les principaux agents de la vie des êtres organisés ne les y fait pas pénétrer, les plantes, privées de l'influence de ces principes vitaux, ne végéteront qu'avec peine, et n'auront qu'une vie languissante.

Il faut de même, pour que les plantes trouvent leur aliment dans les engrais qu'on leur destine, que ces engrais soient mélangés avec la terre où plongent leurs racines. Si les engrais n'étaient pas contenus dans la terre, s'ils n'y étaient pas mélangés, mais seulement laissés sur la surface du sol, il ne pénétrerait jusqu'à la racine des plantes qu'une partie de leurs sucs; et ces mêmes engrais, lavés par les rosées ou desséchés par le soleil, ne produiraient qu'une partie de leur effet.

Enfin le labourage a pour but d'enfouir dans la terre les semences qui lui sont confiées. Sans cet enfouissement, elles ne germeraient pas ou germeraient mal; et demeurées à la surface du sol, elles seraient exposées à en être détachées par le vent, et n'auraient qu'une vie précaire et peu fructueuse.

Le labourage est une opération beaucoup plus délicate qu'on ne se l'imagine communément. Telle façon donnée à la terre dans un temps convenable, et d'une manière appropriée à sa nature et à la nature de la plante qui lui est destinée, la prépare, la féconde et lui assure une force productive efficace. Mais autant une façon donnée à propos est avantageuse, autant cette même façon donnée en contradiction avec la nature de la terre, dans un temps et dans des circonstances qu'elle repousse, lui est nuisible, la détériore, et quelquefois lui enlève sa fécondité pour plusieurs années. Avant de commencer un labour, il faut y réfléchir et en calculer les effets; sans cela, on s'aventure, et on se prépare même à des pertes certaines. Tel terrain que l'on juge infécond par lui-même, ne l'est devenu que par les mauvais labours qu'il a reçus.

Il y a divers modes de labourage que nous rapporterons à trois : le labourage *à plat*, le labourage *à gros sillons*, et le *billonnage* ou labourage à petits sillons de quatre raies.

Nous croyons que le labourage à plat est le plus avantageux, partout où il peut être pratiqué. Le labourage à plat, soit à planches, soit à chantier continu que l'on pratique au moyen de la charrue *tourne-oreille*, présente de grands avantages sur les autres modes de labourage. Il s'ensemence plus uniformément, et il n'a pas l'inconvénient de ces nombreuses et larges raies de séparation, qui, dépourvues de terre végétale, forment dans leur ensemble de vastes espaces qui ne produisent rien. Le sol laissé à plat est plus facile à cultiver de toute manière, surtout pour les hersages si propres à ameublir la terre et à couvrir les semences. On peut aussi y pratiquer le roulage si avantageux aux terres poreuses et légères, auxquelles il donne la consistance qui leur manque, et aux terres compactes lorsqu'il s'agit d'en écraser les mottes. Le travail si précieux du rouleau ne peut s'effectuer sur des sillons trop étroits ou trop bombés, et surtout dans le mode du billonnage encore beaucoup trop généralement pratiqué. Il serait à désirer que la culture à plat pût s'établir et s'étendre partout où la nature du sol et du climat ne s'y opposent pas.

Le labourage à gros sillons de huit à douze raies est celui qui doit être préféré après la culture à plat. Beaucoup de contrées où il est en usage s'en trouvent bien ; et l'expérience est venue prouver plus d'une fois que l'on ne pourrait y substituer le labourage à plat sans s'exposer à une perte réelle de produits.

Le billonnage ou labourage à petits sillons de

quatre raies se pratique encore dans une grande partie de la France ; et il faut avouer que pour un grand nombre de sols, il ne pourrait être remplacé par un autre mode sans perturbation et sans perte réelle. Il y a un grand nombre de terrains en pente, où la couche arable est si peu épaisse, qu'il a fallu en rassembler les parcelles éparses sur une même ligne, en composer un petit sillon, et continuer ce mode de culture sur toute l'étendue du champ, en ayant soin à chaque façon de changer alternativement le sillon de place ; en sorte qu'il tiendra, après chaque façon, la place qu'occupait la raie avant l'opération. La couche arable ainsi rassemblée sur un plus petit espace, peut prendre assez de consistance et contenir assez de principes nutritifs pour nourrir les plantes qu'on lui confie. Sans ce mode de labourage, qui consiste à rassembler sur un seul point la couche maigre et éparse de terre végétale, et qui a aussi pour but de donner à la terre ainsi relevée plus d'accès aux influences atmosphériques, et plus de force contre l'action des pluies, beaucoup de contrées en France ne connaîtraient pas l'usage du blé.

Si la culture en billons a ses inconvénients, elle n'est pas sans quelque avantage. Elle convient à la culture des plantes sarclées qui demandent à être plantées en lignes et à être buttées : telles que le maïs, les haricots, et surtout la betterave et la pomme de terre. On en dépose la semence dans la raie qui sépare chaque sillon, après que le terrain a été suffisamment préparé par des labours précédents ;

on la recouvre par l'allée et la venue de la charrue à une seule oreille ; et lorsque la plante a acquis un certain degré de croissance, on fend la *crête* restée entre les billons avec la charrue à deux oreilles, qui la butte en relevant la terre de chaque côté. Cette manière d'ensemencer et de butter les plantes sarclées, est facile et peu coûteuse.

Malgré ce léger avantage, nous préférons de beaucoup la culture à plat au billonnage, parce que dans la culture à plat on peut toujours pratiquer l'usage si avantageux du rouleau, de l'extirpateur, de la houe à cheval qu'interdit et repousse la culture à petits sillons. La culture à plat est suivie, en outre, d'un avantage non moins précieux, c'est de permettre la moisson des céréales à la faux et à la sappe ; modes beaucoup plus expéditifs que celui de la faucille, et qui recueillent beaucoup mieux la paille. Quels que soient le pays et le climat, nous conseillons la culture à plat partout où la profondeur et la nature du sol peuvent le permettre ; et nous invitons les cultivateurs intelligents à combattre, par des essais et par l'expérience, la tenacité de l'aveugle routine pour les autres modes de labourage.

Nous résumant, en thèse générale nous pensons que le labourage à plat doit être établi et pratiqué dans toutes les terres franches, où la couche arable est assez profonde pour le supporter ; le labourage à gros sillons bombés de dix à douze raies, dans tous les terrains compactes, glaiseux et aquatiques ; et qu'il faut laisser le mode du billonnage seulement aux terrains maigres, rocailleux et en pente. Dans ce classement de terrains et de divers modes de labourage, le cultivateur intelligent tiendra encore compte des variations atmosphériques occasionnées par les bois, les vallées et les autres accidents du pays.

Le labourage est la partie la plus importante de l'agriculture, et, comme nous l'avons dit, la partie la plus délicate et la plus difficile. Il ne suffit pas, pour que la terre produise, de la creuser, d'en remuer la surface, il faut savoir jusqu'à quelle profondeur elle doit être creusée, dans quel sens elle doit être remuée, dans quelle saison, sous quelle température, pour quelle sorte de plante il importe de la façonner. Tout cela demande de la réflexion, et surtout de l'expérience.

La première connaissance qu'exige un bon labourage, c'est celle de l'épaisseur de la couche arable, ou de la terre végétale qu'il lui est permis de remuer, et la nature du sous-sol ou de la couche de terre non productive sur laquelle repose la couche arable. Ce sous-sol, infertile de sa nature, doit toujours être respecté par le laboureur. Quelque peu épaisse que soit la couche végétale, qu'il se donne bien de garde de creuser au-delà; il piquerait, comme disent les bons praticiens, dans une terre qui ne lui appartient pas. Creuser le sous-sol, en ramener les débris à la surface et les mêler à la terre végétale, est une faute d'autant plus impardonnable, que les funestes effets qui s'en suivent durent quelquefois quinze ans, et se font sentir encore au-delà.

C'est à ce sujet que l'on peut dire qu'*expérience vaut mieux que science :* car presque tous nos grands théoriciens, des hommes même d'une haute science, se suivent ici pour la propagation de la même erreur. Ils ne cessent de dire et de répéter « qu'il faut labourer *pro-*» *fondément,* remuer la *terre neuve,* afin que » les racines des plantes puissent mieux s'y » enfoncer » : et cela, d'une manière uniforme, sans s'inquiéter de l'épaisseur de la couche arable, de la nature du sous-sol, du mode de labourage qu'il comporte, ni des circonstances de saisonnement et de localité qui exigent dans l'opération tant de différence et de variété. Ah! s'ils étaient praticiens, s'ils avaient consulté l'expérience, ils changeraient bien de ton et de langage.

J'ai connu un haut bourgeois à qui il prit fantaisie de faire valoir une de ses fermes (et en cela il fit chose très-louable), qui, malgré les observations de son charretier, très-bon praticien, le contraignit à enfoncer la charrue à *pleine-perche,* c'est-à-dire jusqu'à l'*âge,* dans un champ dont la couche arable était excellente, mais peu profonde, ce qui en ramena le sous-sol à la surface, qu'il fit mêler ensuite à la terre végétale par un profond hersage ; son champ, si productif auparavant, en fut rendu complétement stérile. Il combattit bien cette stérilité, fruit de son ignorance pratique, par de puissants engrais dont il doubla même la dose ordinaire, mais il eut beau faire, pendant six à sept ans, il n'obtint que de mauvaises récoltes. Il ne trouva de remède au mal qu'en convertissant son champ en prairie artificielle, encore ne réussit-il que médiocrement; je suis persuadé que les effets de sa faute se sont prolongés plus de vingt ans.

Sans doute on peut ne faire qu'un fort mauvais labourage, en ne faisant que peler ou gratter la surface d'un champ, mais du moins on ne le gâtera pas pour les années suivantes, tandis qu'en faisant piquer la charrue dans le sous-sol on peut le frapper de stérilité pour plusieurs années.

Il y a bien, il est vrai, des sols heureusement situés, d'une grande profondeur de terre purement végétale, et tellement riches d'humus qu'il ne faut pas craindre d'y enfoncer la charrue; tels sont les sols baignés par la Garonne, et par quelques autres de nos rivières, ceux des environs de Rochefort, les terres franches de la Bauce et de la Brie, et surtout celles de la Limagne en Auvergne; mais ces sols si fortunés sont loin de comprendre la généralité des terres arables de la France, dont les neuf dixièmes, nous ne craignons pas de le dire, n'admettraient pas impunément un labourage sans précaution et sans retenue. Que l'on y fasse attention, et l'on se convaincra que le labourage est une opération qui doit être plus réfléchie que les savants même ne le pensent. Le labourage ne doit donc point être, comme on l'a cru trop long-temps, l'effet d'un travail aveugle et machinal, et il ne sera rendu vraiment productif qu'autant qu'il sera le fruit de l'instruction et de l'expérience. A tout prendre, nous sommes convaincus, même pour les terres profondes et riches d'humus, qu'un labourage d'une profondeur modérée, à petites tranches bien renversées, sera plus productif et moins dispendieux, qu'un labourage trop profond et à trop larges tranches qui laisse des *patés* et un sillon mal ameubli.

Dans le comté de Norfolk, un des plus fertiles de l'Angleterre, la profondeur moyenne du labourage, au dire de Arthur Young, ne dépasse pas quatre pouces ; le talon de la charrue porte sur un sous-sol vierge qu'on se garde bien d'entamer, et néanmoins cette profondeur de quatre pouces suffit à la culture de la terre pour lui faire produire une masse considérable de céréales et de fourrages artificiels.

Cependant il y a des sous-sols que l'on pourrait remuer sans danger, tels que les fonds rocailleux et sablonneux dont la nature approche de celle de la couche arable qui les couvre; mais il en est d'autres qu'il serait dangereux de toucher, ce sont tous ceux qui se composent d'argile pure et surtout les tufs de quelque couleur et de quelque nature qu'ils soient. Ces tufs, que l'on désigne vulgairement par les dénominations de *terre rouge* et *terre jaune*, sont un vrai poison pour les plantes ; le laboureur doit bien se garder d'y toucher et surtout d'en mêler la plus légère parcelle à la terre végétale qu'il est appelé à remuer et à préparer. Il m'est arrivé une fois, dans mon inexpérience, d'y laisser enfoncer ma charrue ; mon père vint me tirer de mon erreur en m'en prédisant les suites, sa prédiction s'accomplit de tous points, car pendant plusieurs années cette attelée insolite marqua sa place entre ses voisines par un moindre produit en fourrrage comme en céréales.

Un laboureur praticien étudie aussi avec soin la saison et l'état de la température qui conviennent au genre de labourage qu'il doit exécuter; il y a presque toujours ou sympathie ou antipathie entre l'état de l'atmosphère et la nature du sol qu'il cultive. Les terres argileuses et les limons compactes sur lesquels l'humidité et la sécheresse ont un accès si prompt, qui se détrempent à la moindre pluie et se durcissent à la moindre chaleur, ne veulent être travaillés que par un temps doux, ni trop pluvieux, ni trop sec; les terres franches, qui ne craignent point la sécheresse, doivent être travaillées pendant les jours de chaleur et de hâle, parce qu'alors les labours qu'elles reçoivent ont le double effet de les ameublir et de faire périr les mauvaises herbes dont elles sont ordinairement infectées; c'est une température contraire qu'il faut choisir pour travailler les terres légères, car pendant la sécheresse, un labour, dont elles ont rarement besoin pour s'ameublir, ne ferait que les dépouiller entièrement du peu d'humidité et de fraîcheur qu'elles pourraient avoir conservé; mais il ne faut pas craindre de les remuer par un temps de pluie parce que, poreuses et friables de leur nature, on n'a pas à craindre qu'elles se gâchent par l'eau, ni qu'elles se durcissent par le hâle, puisqu'on y renferme au contraire l'humidité et la fraîcheur dont elles ont un besoin toujours renaissant.

Mais quelleque soit la bonté de la théorie, elle ne peut ici que généraliser les préceptes, elle manquerait son but si elle voulait en donner de trop absolus. Il y a une foule de circonstances où il faut agir en dehors même de ces préceptes. C'est donc à l'expérience qu'il faut sans cesse en appeler, et souvent même, c'est à des circonstances diverses à prescrire la règle; mais quelles que soient les exigences du présent, le laboureur doit toujours tourner ses regards vers l'avenir, et y placer la récompense qu'il est fondé à attendre du fruit de son travail.

CHAPITRE IV.

DES ENGRAIS.

Les engrais sont les aliments des plantes, et les aliments sont le soutien de la vie pour tous les êtres; sans engrais il n'y a point d'agriculture, d'où il suit que l'on ne peut trop répéter ce vieil adage : *Sans fumier il n'y a point de bonnes terres, avec du fumier il n'y en a point de mauvaises.*

La théorie des engrais et leur bonne application ne demandent pas moins la connaissance du sol auquel on les destine, que celle du mode de culture qu'il comporte ; cette connaissance est d'autant plus nécessaire au cultivateur qu'il ne marchera qu'en tâtonnant s'il ne sait pas que des sols différents demandent des engrais différents, s'il n'applique pas à chacun l'espèce d'engrais qui lui convient. Tel engrais qui convient aux terres grasses et fortes, par cela même ne peut convenir que faiblement à des terres maigres et légères ; et de même qu'il faut un fumier brut et chaud aux terres froides, il faut aux terres chaudes un fumier consommé et pulvérulent, c'est-à-dire réduit à l'état poudreux. Il faut avouer ici que cette distinction n'est pas toujours observée, ni son application suivie, même par les meilleurs praticiens, car il n'est pas rare de voir appliquer à des terres froides, compactes et aquatiques des fumiers consommés, qui, pour cette sorte de terre, sont sans énergie, tandis qu'on porte sur des terres légères, maigres et brûlées par le soleil des fumiers verts, pailleux, fermentescibles, et par cela même, échauffants pour des terres qui ne demandent que de la fraîcheur. Par de tels procédés, au lieu de marcher vers le succès, on lui tourne le dos.

On divise les engrais en deux classes générales : celle des engrais *stimulants* et celle des engrais *nutritifs*. La première classe renferme tous les engrais minéraux et alcalins ; dans la seconde on comprend tous les engrais animaux et végétaux. Avec les premiers on amende les terres, avec les seconds on les fume.

Les matières propres à amender les terres,

sont : la *marne*, la *chaux* et les autres matières calcaires, le *plâtre* et les *cendres*.

L'agriculture tire de l'application de la marne une puissance de production étonnante. Le marnage des terres en a doublé les produits dans plusieurs provinces de la Grande-Bretagne; il s'étend rapidement dans le nord de l'Europe, et ses effets prodigieux le rendront bientôt universel en Belgique, en Danemark, en Suède et dans quelques contrées de l'Allemagne; disons cependant que l'usage en est encore si restreint en France, que sous ce rapport notre agriculture est arriérée, et surtout bien inférieure à celle de nos voisins.

La marne modifie la nature du sol et le prépare à une puissance de végétation plus vigoureuse; elle divise et ameublit les terres trop compactes, et elle affermit celles qui manquent de force et de tenacité; elle rend les premières perméables aux divers agents atmosphériques, et conserve aux autres une fraîcheur qu'elles ne pourraient retenir sans son secours.

Pour ce double effet on en distingue de deux espèces principales : la marne *calcaire* et la marne *argileuse*; la première convient aux sols argileux, compactes, aquatiques, elle les dessèche, les rend poreux et en facilite les labours; au contraire, la marne argileuse convient aux sols siliceux, craieux et à toutes les terres maigres et légères, puisqu'elle leur donne la liaison et la consistance dont ils sont dépourvus. L'une et l'autre judicieusement employées, c'est-à-dire appliquées au sol dont la nature leur est contraire, sont un des plus puissants agents de la végétation. L'influence d'un bon marnage se fait sentir pendant vingt ans.

Mais s'il faut du discernement dans l'emploi de la marne, par rapport à l'espèce qui convient à chaque nature de terrain, il n'en faut pas moins pour en déterminer la quantité, et pour mesurer la dose qui convient à chacun; si l'expérience est venue démontrer qu'une quantité trop faible est impuissante à développer les principes nutritifs du sol, elle n'a pas moins constaté que l'excès finirait par l'appauvrir en lui enlevant une partie de sa fécondité, il faut dont également éviter dans l'opération du marnage le trop et le trop peu. La dose généralement reconnue la plus efficace, c'est l'épaisseur de 14 millim. sur toute la surface du terrain.

Il y a des sols qui se refusent obstinément à toute espèce de marnage, ce sont les terrains entièrement calcaires et ceux où le tuf abonde, heureusement ces sortes de terrains ne dominent que dans peu de localités.

La chaux est une autre matière bien précieuse pour l'amendement des terres, il en est peu de plus énergique, et par conséquent de plus propre à les fertiliser promptement. Son action peut durer quinze années, elle peut s'étendre ensuite en s'affaiblissant progressivement jusqu'à vingt ans.

L'usage de cet engrais est encore beaucoup trop restreint, il n'est devenu général en France que dans la Normandie et surtout dans les environs de Cherbourg, où le plus grand nombre des gros propriétaires ont établi sur leurs fermes des fours à chaux ; l'emploi de la chaux y produit de si bons effets qu'il serait à désirer que plusieurs autres contrées qui possèdent aussi en abondance la pierre calcaire et le combustible, prissent la résolution d'en faire autant.

Presque aucune terre ne se refuse à l'action de la chaux, néanmoins ses effets sont moins sensibles sur les terres légères, ils ne sont complétement nuls que sur les terres craieuses ; mais les terres fortes, argileuses et limoneuses, et généralement toutes les terres compactes y puisent une fertilité que ne pourrait leur donner au même degré aucun autre engrais stimulant.

Il y a plusieurs manières d'employer la chaux : quelques cultivateurs la font dissoudre dans de grandes fosses et y mêlent ensuite une quantité proportionnée de terreau ; cette composition devient aisément pulvérulente, on la porte alors sur les terres fraîchement labourées pour l'enfouir avec les semences ; cette méthode est sans doute la meilleure, mais comme elle est un peu dispendieuse on préfère conduire la chaux dans les champs à la sortie du four ; on la place alors sur les jachères par petits tas, en attendant que l'air atmosphérique l'ait pénétrée et réduite en poussière ; il serait préférable de la couvrir légèrement de terre afin que la décomposition se fît plus lentement, et que ses principes alcalins pussent mieux résister à l'évaporation. Lorsque cette chaux est réduite en poudre, on l'étend à la pelle le plus uniformément possible, puis on donne immédiatement un labour qui la couvre et l'incorpore à la terre.

Il faut être modéré dans l'usage de la chaux, car l'excès n'en est pas moins nuisible à la fécondité de la terre que l'excès de la marne. On a cru remarquer en Angleterre qu'elle épuise le sol aussitôt que la mesure voulue est dépassée.

La chaux est un stimulant non moins énergique et non moins précieux appliqué aux prairies naturelles et artificielles, qu'aux terres arables; mais pour qu'elle opère avec succès, il faut l'employer selon la première méthode, c'est-à-dire mêlée avec du terreau. C'est dans le mois de février que ce mélange doit être répandu sur les prairies, il en fera disparaître les joncs et beaucoup de plantes nuisibles à la santé des animaux.

On a encore employé, avec un merveilleux succès, ce mélange de chaux et de terreau à la culture des arbres à fruit, déchaussés d'avance; ce mélange placé à leur pied vers le printemps, leur a communiqué une plus grande force de végétation, les a mieux disposés à produire, et on a vu souvent des arbres languissants et prêts à mourir, se refaire en y puisant une nouvelle vie.

C'est précisément dans les contrées où par la nature du sol et l'influence du climat, l'effet du plâtre est peu sensible, que l'action stimulante de la chaux se montre plus puissante; il semble que la bonne mère nature ait voulu, pour le plus grand bien-être de ses enfants, que la force de l'une de ces substances suppléât à la faiblesse de l'autre, et qu'elles pussent mutuellement se remplacer.

Malgré cette alternative, qui n'est peut-être pas générale, le plâtre n'en est pas moins, de tous les engrais stimulants, celui qui est appelé à jouer le plus grand rôle dans l'agriculture française : il est plus précieux encore que la marne et la chaux, en ce que son usage est plus facile, plus immédiat et moins dispendieux; ce qui surprend, c'est que l'usage n'en soit pas encore universellement pratiqué et qu'il y ait encore tant de localités, où les préjugés et l'impéritie persistent à en ajourner la bienfaisante application.

Le plâtre n'agit point d'une manière ostensible sur la racine des plantes; c'est par son contact sur leurs parties extérieures, et surtout sur les feuilles, qu'il produit son effet. Il ne faut donc ni l'enfouir ni le mêler à la terre, c'est sur la plante elle-même qu'il faut le répandre; alors il provoque les agents chimiques de l'atmosphère; par sa propriété attractive, il les appelle et les fixe sur la plante, qui alors en respire avec abondance les émanations et les fluides; et, par l'inépuisable source d'attraction dont est doué ce puissant conducteur, elle en tire une somme de force et de vie qui double et triple souvent les récoltes.

Cependant l'action du plâtre n'est pas toujours suivie du même succès; tandis que ses effets seront presque miraculeux sur une terre légère, sèche et calcaire, ces mêmes effets seront presque nuls sur une terre froide, compacte, ou aquatique. Les effets du plâtre sont toujours en raison composée de la légèreté et du peu de consistance du sol sur lequel on le répand, et de l'humidité de l'atmosphère au moment où cette opération s'accomplit; c'est pourquoi il faut profiter d'une petite pluie, ou d'une abondante rosée pour le semer sur les plantes, et d'un temps calme afin qu'il s'y étende par poignées égales; il faut aussi que les plantes soient jeunes et n'aient encore poussé que quelques feuilles : quelquefois, pour avoir attendu trop tard, l'opération se trouve paralysée dans ses résultats.

Le plâtre ne produit que peu ou point d'effet sur les céréales et sur les autres graminées; il ne déploie son énergie que sur les plantes à feuilles larges, rondes et épaisses, telles que les pois, les vesces, le trèfle, la luzerne, le sainfoin; la puissance vitale que le plâtre développe dans ces plantes et dans leurs congénères, se fait souvent sentir sur les récoltes suivantes, même pour toutes les espèces de céréales. Plus le plâtre a communiqué de vigueur aux plantes qui en ont reçu la poussière, plus ses effets s'étendent loin dans l'avenir.

Il n'est peut-être pas indifférent de répandre le plâtre cru ou cuit : cuit, et bien pulvérisé, il agit plus vite, mais son action est plus promptement amortie; tandis qu'employé cru, son action est plus lente, mais a une durée plus longue, c'est au cultivateur intelligent à choisir.

L'application du plâtre à l'agriculture a éprouvé la répulsion qu'éprouvent toutes les découvertes heureuses; l'aveugle routine et les préjugés plus aveugles encore qui ont si opiniâtrement repoussé le bienfait de la vaccine, n'ont pas mis moins d'opiniâtreté à repousser l'usage bienfaisant du plâtre : on l'a d'abord tourné en ridicule, et lorsque l'expérience est venue en constater les puissants effets, on s'est encore efforcé de les amoindrir; enfin, ne pouvant nier l'évidence du principe, on en a incriminé les résultats; d'abord par rapport aux terres qu'il frappait, disait-on, de stérilité pour l'avenir, ensuite pour les animaux chez lesquels il portait, avec le fourrage dont il avait été le stimulant, le germe d'une foule de maladies.

L'expérience a complétement démontré que l'effet du plâtre, lors même qu'il a été répandu avec excès, loin de frapper les terres de stérilité, contribue au contraire à les rendre plus fécondes; car le plâtre, en communiquant aux plantes qu'il affectionne une vigueur extraordinaire, couvre bientôt le sol de leurs premières feuilles, qui privées d'air y pourrissent, et y laissent par leurs débris un engrais dont il eût été privé, sans l'usage de ce précieux stimulant.

Quant aux maladies des animaux dont on a attribué le germe aux fourrages plâtrés, il est reconnu aujourd'hui, de la manière la plus évidente, que ce n'est qu'une grossière erreur. On a remarqué des milliers de fois, que dans un même village les bestiaux du cultivateur qui avait plâtré ses trèfles et ses luzernes, n'éprouvent pas plus de maladies que les bestiaux de celui qui a horreur du plâtre; si cette remarque, sans cesse renouvelée, n'avait pas encore dessillé tous les yeux, s'il y avait encore des hommes aveuglés par le préjugé, nous les invitons à se transporter dans les lieux où on travaille le plâtre, ils y verront des hommes et des animaux en avaler la poussière pendant un jour entier, au point qu'ils devraient en être suffoqués, et recommencer tous les jours cette épreuve, sans que leur santé en éprouve la moindre altération ; il est donc journellement prouvé que la poussière du plâtre, au lieu de nuire à la santé des hommes et des animaux qui sont employés à l'extraire des carrières, à le cuire et à le pulvériser, semble la favoriser. Comment donc la même poussière, répandue en quantité si minime sur les feuilles des plantes qu'elle y est presque imperceptible, que la rosée et la pluie viennent bientôt abattre sur le sol, qui, par conséquent, n'a pu en aucune manière pénétrer dans la plante sur laquelle elle n'a fait qu'attirer les agents vivifiants de l'atmosphère, comment cette même poussière qui n'existe plus ni sur le fourrage, ni dans le fourrage, pourrait-elle être nuisible aux animaux qui s'en nourrissent, tandis que dans son état naturel et prise à fortes doses, ceux qui broient et qui voiturent le plâtre n'en éprouvent que de bons effets ?........ Sachons donc nous défaire de nos préjugés et en faire le sacrifice à la raison et à l'expérience, lorsque par l'évidence même, elles viennent nous en montrer l'absurdité.

Les cendres sont aussi un engrais stimulant qui peut être très-avantageusement employé, et que l'on doit tâcher de substituer au fumier lorsque celui-ci manque. Il y a certains sols, tels que les sols ocreux et granitiques qui préfèrent les cendres à tout autre engrais; c'est pour ces sortes de sols que l'on doit conserver la *charrée*, c'est-à-dire les cendres qui ont servi à blanchir le linge; les cultivateurs qui habitent près des villes peuvent quelquefois s'en procurer à bon compte, et ils doivent avec empressement en saisir toutes les occasions. Cet engrais, qui se sème plutôt qu'il ne se répand, peut fournir le moyen d'amender une grande étendue de terrain à peu de frais; on étend la charrée au panier et on l'enterre avec la semence.

Dans les pays de pacage où il se fait peu de fumier, on a recours à la cendre que l'on obtient au moyen de *l'écobuage*. L'écobuage se pratique sur une bruyère, sur un gazon vieux et mousseux; il consiste à lever avec une large houe, appelée *écobue*, une tablette de ce gazon avec la racine, mais avec le moins de terre possible; on la renverse et on en place plusieurs les unes sur les autres, la racine en haut, et on en fait de petits tas sur toute la surface du terrain écobué; on les laisse pénétrer et dessécher par la chaleur de l'été; arrivé au temps des semailles d'automne, par un temps hâleux s'il est possible, on met le feu à tous ces petits tas qui brûlent en étouffant, d'autres fois on les rassemble en gros tas afin qu'ils brûlent et se consument mieux; on étend ensuite la cendre qui en provient uniformément sur le sol, on laboure et on sème; ce sont ordinairement les terres à seigle que l'on prépare et que l'on amende de cette manière par l'écobuage.

Quand on manque de fumier il y a encore un autre moyen d'y substituer la cendre : on tâche de se procurer des ronces, des genêts, des bruyères, des ajoncs, des fougères, des chardons et autres grandes herbes que l'on coupe d'avance afin qu'elles se sèchent : on les étend sur le champ prêt à être emblavé, on y met le feu et on enfouit la cendre qui en provient avec la semence. Ce procédé est fréquemment pratiqué dans la Vendée, et il y produit un tel effet que les champs qui en ont été amendés conservent leur fertilité pendant les récoltes subséquentes et quelquefois même cette fertilité s'étend jusque sur les pacages qui les remplacent.

Il nous reste à parler maintenant des engrais nutritifs et plus spécialement des fumiers.

Les fumiers n'ont pas tous au même degré la même force nutritive, ni la même énergie, c'est pourquoi les uns veulent être employés à l'état de matière grasse et onctueuse, les autres entièrement consommés et réduits à l'état pulvérulent ; dans la première catégorie se placent : le fumier de cheval, celui des bêtes à cornes, de moutons et de porcs ; la seconde comprend les excréments humains et ceux de toutes les espèces de volaille.

Le fumier de cheval et de ses congénères, le mulet et l'âne, est le premier des fumiers gras ; étant de sa nature extrêmement fermentescible, il développe une chaleur vive qui lui donne sur les plantes une action prompte et énergique ; ce fumier convient par cela même aux terres froides et compactes, et pour ces sortes de terres il vaut mieux l'enfouir un peu frais que trop consommé.

Les bêtes à cornes fournissent un fumier plus onctueux et mieux digéré, mais par cela même moins chaud et moins actif que le fumier de cheval ; ce fumier, beaucoup plus lent à la fermentation, doit être laissé en tas et ne doit être conduit dans les champs que lorsque les litières qu'on y a mêlées sont pourries et bien incorporées aux excréments qui en font la base ; il serait bon d'y mêler d'autre fumier qui pût en provoquer la fermentation et en développer la chaleur.

Le fumier de mouton est un des plus précieux, et on peut même dire qu'il est supérieur à tous les autres fumiers gras, dans certaines circonstances ; c'est celui qui a le moins besoin de fermentation, et j'ai souvent eu occasion de remarquer que le fumier de mouton employé frais et à la sortie de l'étable produisait un effet plus certain et plus durable que lorsqu'il était consommé.

Le fumier de porc, que l'on regarde généralement comme inférieur aux autres fumiers gras, serait peut-être un des meilleurs s'il n'était employé que vieux et bien consommé. Il passe pour brûler les végétaux, ce qui est une preuve de l'abondance de ses principes nutritifs ; le même défaut est inhérent aux excréments humains, et c'est peut-être par son analogie avec ces derniers qu'il est réputé mauvais ;

car le cochon pouvant, comme l'homme, digérer également les aliments animaux et végétaux, ses excréments ont sans doute aussi besoin, pour devenir salubres aux plantes, d'être longuement consommés et réduits en poudrette. Un autre moyen de lui enlever sa trop grande âcreté, c'est de le mélanger avec d'autres fumiers, surtout avec celui des bêtes à cornes dont il corrigera la nature froide et excitera la fermentation; et par ce mélange ils acquerront l'un par l'autre les qualités opposées qui leur manquent.

On est encore loin de s'accorder sur la meilleure manière de traiter les fumiers, de les préparer et d'en faire usage; les diverses manières d'y procéder tiennent encore beaucoup plus de la routine et des vieux préjugés, que d'observations réfléchies et des leçons de l'expérience: cependant il faut avouer que les moyens de réussite doivent être différents suivant la nature des terres, le climat, les saisons et surtout l'espèce des végétaux auxquels on destine les fumiers.

Il est démontré que le fumier, suivant qu'il est plus ou moins consommé, a une action plus ou moins prompte, plus ou moins nutritive ou délétère, sur certains végétaux. Il y a des plantes qui affectionnent les fumiers bruts et non fermentés; mais il en est d'autres qui les repoussent complétement, et qui, au lieu d'y puiser une source de vie, n'y trouvent qu'un germe de mort. C'est au cultivateur intelligent à consulter là-dessus l'expérience.

Il est reconnu, en général, que le fumier

employé trop brut est insalubre pour beaucoup de plantes, et pour beaucoup d'autres ne produit qu'un effet précaire ; mais il n'est pas moins reconnu aussi qu'un fumier trop consommé est déjà en perte de la plus grande partie de son volume, et que ce qui en reste ayant encore perdu, par une trop longue fermentation, les émanations animales et végétales qui en constituent la puissance nutritive, ne produit que peu ou point d'effet, d'où il faut conclure que, dans l'art de recueillir et de préparer les fumiers, il faut avoir égard à ces deux choses : 1° empêcher qu'une fermentation trop forte et trop long-temps prolongée ne leur enlève les principes animaux et végétaux dont les plantes font leur nourriture. 2° Ne les employer qu'en temps convenable, et dans un état de consommation approprié à la nature des plantes auxquelles on les destine.

A la sortie des étables, on dépose ordinairement les fumiers en tas dans les cours, ou on les rassemble dans un même lieu destiné à leur préparation ; on les y arrange par couches et on les y laisse fermenter jusqu'à ce qu'ils soient suffisamment consommés.

Cet arrangement des fumiers est extrêmement important, car de la manière dont il est composé, résultent les bonnes ou les mauvaises qualités des engrais, et c'est du soin et de la négligence qu'on y apporte que dépendent souvent les bonnes ou les mauvaises récoltes. Le cultivateur ne doit jamais perdre de vue que *le bon fumier est le meilleur des laboureurs*, et la source de la richesse agricole vers laquelle il doit graviter sans cesse.

Le choix et la situation du lieu où doivent être déposés les fumiers pour qu'ils puissent fermenter et devenir, pour les plantes, un aliment nutritif, sont loin d'être indifférents; ce lieu ne doit pas être trop creux afin que l'eau des pluies ne vienne pas s'y accumuler et y séjourner trop long-temps. Lorsque le fumier est trop imbibé, qu'il trempe trop long-temps dans l'eau, non-seulement il ne s'échauffe pas, il ne se fait pas; mais au milieu de ce repos apparent il n'en perd pas moins ses sels et ses autres propriétés nutritives. Du fumier qui a trop trempé, que les pluies ont constamment délayé, est nécessairement dépouillé de ses éléments fertilisants et ne vaut pas du terreau.

Cela est si vrai que beaucoup de cultivateurs en ont été frappés; aussi dans l'ouest de la France, et plus particulièrement dans le haut Poitou, les meilleurs cultivateurs font déposer leur fumier sous un hangar, ou le garantissent de la pluie par une couverture en paille, afin d'en faire ce qu'ils appellent du *fumier menu*; après que ce fumier a éprouvé un certain degré de fermentation, on le remue et on le mêle par tranches que l'on élève les unes sur les autres: cette opération est répétée trois ou quatre fois avant de l'employer; alors devenu *menu* et presque pulvérulent, on l'étend au panier sur la semence. Je puis affirmer que ce fumier, par cette simple manipulation, acquiert une telle force nutritive, que bien qu'on ne le sème qu'avec parcimonie, il produit toujours un effet double du fumier ordinaire, qui est demeuré dehors, exposé à l'action de la pluie et des autres agents de l'atmosphère.

Dans quelque lieu que le fumier soit placé, pendant qu'il fermente et se prépare, il s'en échappe des sucs qu'il faut bien se garder de laisser perdre, car ces sucs en sont la partie la plus essentielle; il faut donc les retenir en les faisant absorber par des matières sèches et fermentescibles, telles que du chaume, des herbes, des ajoncs, des bruyères et toutes les matières végétales dont on peut disposer; on y fera aussi entrer les balayures de cours et on les intercallera entre les couches de fumier; si ces matières ne suffisaient pas pour en étancher la partie liquide, il faudra la recevoir dans un trou ou une espèce de citerne qui sera en outre destinée à recevoir les urines des animaux, qui s'échappent des étables et qui constituent le plus riche de tous les engrais. Lorsque le tas de fumier se montrera trop pailleux, ou que la chaleur qu'il dégage en ferait craindre l'incinération, il faudrait l'arroser avec le purin de la citerne; cette simple opération en doublera la puissance alimentaire.

Généralement, on prend trop peu de soin des fumiers, soit pour en augmenter la masse, soit pour en développer les principes nutritifs. Un véritable agronome ne peut se défendre d'un sentiment pénible, lorsqu'il considère le peu d'empressement que l'on met à recueillir des engrais que l'on a pour ainsi dire sous la main, et le peu de soin que l'on apporte à les préparer; presque partout on voit les cours des fermes encombrées de litières et d'excréments qui se dessèchent au soleil ou se dissolvent à la pluie, et lorsque ces engrais si précieux ont été dépouillés de leurs sels et ont perdu leurs propriétés nutritives, on les conduit dans les champs, et on s'imagine avoir bien fumé sa terre. Doit-on s'étonner que tant de champs qui n'ont reçu qu'une fumure d'engrais ainsi affaiblis et détériorés, ne donnent que de chétives récoltes? C'est la mauvaise qualité des engrais, plus encore que la disette de ces mêmes engrais, qui est la principale cause du faible produit que beaucoup de laboureurs obtiennent de leur travail; c'est en vain que l'on fera des jachères que l'on multipliera les labours, on n'aboutira qu'à un travail improductif si on néglige les engrais, qui sont, bien plus que les labours, la cause essentielle de la fécondité du sol.

On se sert aussi d'engrais liquide, c'est-à-dire du purin que l'on recueille des étables et des fumiers. Lorsque le suc des fumiers et l'urine des animaux auront été reçus et conservés dans la fosse dont nous avons parlé, on en fera arroser le jardin et on le versera surtout au pied des plantes potagères; j'ai vu des choux, qui arrosés avec cet engrais, ont pesé jusqu'à 15 kilogrammes; on fera aussi répandre du purin sur les prairies, sur les terres que l'on prépare à recevoir les plantes sarclées, et on en obtiendra un effet prodigieux; si l'emploi de ce purin occasionne quelque dépense au cultivateur soigneux qui le recueille, il peut bien être assuré d'en obtenir une récompenses décuple, car les récoltes qui en auront été arrosées donneront un produit double; cependant on est forcé d'avouer que presque partout on méprise cet engrais liquide, le meilleur de tous les engrais; on le laisse se filtrer inutilement à travers les terres ou se perdre dans les cours et dans les chemins qu'il gâte et qu'il salit, et dont il rend le voisinage si malsain par les émanations putrides qui s'en exhalent. Que l'on sache bien que la perte des engrais liquides est une perte réelle pour le cultivateur, plus grande quelquefois que celle occasionnée par la grêle et par la gelée.

Il y a encore une autre espèce d'engrais qui tient le milieu entre les engrais secs et les engrais liquides, c'est la *gadoue*, très en usage en Flandre et dans quelques contrées de l'Angleterre. La préparation de cet engrais consiste à jeter dans la fosse où coule le suc des fumiers et l'urine des étables, des matières propres à se diviser, à se décomposer et à se convertir en boue par la fermentation; ces matières sont des débris d'animaux, des excréments humains, de la fiente de volaille, des résidus végétaux, et tous les immondices qui se présentent; lorsque la gadoue que forment la putréfaction et la décomposition de ces matières, est trop épaisse, on y ajoute quelque liquide et on répand ensuite cette boue vivifiante sur toute espèce de végétation languissante, sur les prairies, sur les trèfles, les luzernes, sur les plantes oléagineuses et sur les chenevières. Cette espèce d'engrais artificiel donne aux plantes une force de végétation prodigieuse.

Nous avons maintenant à mentionner les engrais secs, appelés engrais *pulvérulents* parce que les matières qui les composent sont tellement divisées qu'elles sont presque tombées en poussière. Les excréments de volaille doivent être employés de cette manière, et comme cet engrais est un des plus précieux par son énergie et par ses puissants effets, il doit être recueilli avec soin ; le cultivateur soigneux y apportera d'autant plus d'attention, que la volaille, comme les autres animaux domestiques, veut être tenue proprement, et demande par conséquent que les lieux assignés à son habitation, soient nettoyés au moins tous les mois, et qu'ils reçoivent souvent une litière fraîche, qui, lorsqu'on le pourra, se composera de menue paille. Il faut se souvenir aussi que les maladies des oiseaux de basse-cour proviennent le plus souvent des miasmes qu'exhalent leurs excréments, dont la mauvaise odeur agit aussi quelquefois sur la santé des autres animaux du voisinage. Il y a donc double bénéfice à les nettoyer souvent, puisque par la propreté, on contribue à les maintenir dans un bon état de santé et qu'on en retire une plus grande masse d'engrais.

La *colombine*, ou fumier de pigeon, est aussi un des meilleurs engrais pulvérulents dont on puisse faire usage ; il en est peu de plus énergique et d'un meilleur effet lorsqu'il se trouve sympathiser avec la nature du sol qui le reçoit. Cet engrais est si puissant, qu'il faut en éviter l'excès si on ne veut pas qu'il brûle la plante qui doit en tirer sa nourriture ;

on le sème à la main, et une légère couche de sa poussière suffit pour donner une croissance extraordinaire aux céréales, et surtout au chanvre pour lequel on le réserve presque exclusivement; quelques jardiniers en tirent un très-bon parti, délayé dans de l'eau, et versé au pied de leurs légumes; certaines prairies froides et mousseuses qui en sont saupoudrées au printemps, reverdissent et se couvrent bientôt d'une abondante récolte. La colombine entre dans les spéculations du commerce, et il s'en expédie jusque dans nos colonies d'Amérique.

Enfin le premier et le plus précieux de tous les engrais pulvérulents, c'est la *poudrette*. On appelle de ce nom les excréments humains desséchés et réduits en poudre. Pour les amener plus promptement à l'état de poudrette, on y joint des matières absorbantes, telles que des débris de litières, des balayures de cours, du terreau déjà consommé et autres matières semblables; laissés seuls et sans aucun mélange, il faut long-temps aux excréments humains pour arriver à l'état de poudrette, suffisamment consommée, pour que les plantes puissent en tirer leur nourriture, sans en craindre la trop grande énergie. Le meilleur moyen de les amener promptement à l'état de poudrette consommée, c'est de les mêler à la chaux qui en absorbe sur le champ la partie caustique, et permet de s'en servir sans craindre qu'ils brûlent les plantes; la poudrette, débarrassée, par l'addition de la chaux et des autres matières absorbantes qu'on peut y ajouter, de sa causticité, est le premier et le meilleur de tous les engrais, et dans beaucoup de circonstances il n'en est point qui puisse lui être comparé ; aussi on le fait voyager, on l'embarque et on le transporte dans des contrées lointaines, comme l'agent nutritif le plus précieux dont on puisse faire usage en agriculture. En Belgique et dans une grande partie de l'Allemagne occidentale, on emploie la poudrette à la culture des plantes oléagineuses, et il en résulte, pour les terrains qui la reçoivent, une fertilité telle qu'elle ne pourrait être égalée par aucun autre engrais naturel.

On a cherché dans ces derniers temps les moyens de composer des engrais artificiels, appelés *composts*. Les engrais sont d'une si grande nécessité en agriculture que l'on a demandé à la science ce que l'on ne pouvait obtenir de la nature ; en effet, où le fumier manque il est de l'intérêt du laboureur de le remplacer par toutes les compositions qui peuvent y suppléer, car on ne doit point se lasser de le répéter : *sans engrais point d'agriculture;* mais aussi il n'y a que le laboureur indolent et paresseux qui ne sache pas trouver le moyen de fertiliser son champ. Quand on manque de fumier il faut savoir en composer; pour cet effet, on creuse une fosse, on y jette toutes les matières animales et végétales qu'on peut se procurer, on y joint du marc de raisin, de la lie de vin, des débris de fruits et de légumes; on arrose toutes ces matières avec des urines, des eaux grasses ou bourbeuses; on pousse ces matières à la fermentation, à la putréfaction et on finit par en retirer un compost, qui vaut quelquefois mieux que le meilleur fumier; d'autres fois on forme des mélanges de terre, de boue, on recueille les curures des fossés, des mares, des chemins : tous ces mélanges forment des engrais qui n'ont pas sans doute autant d'activité que le fumier, mais dont l'effet a une durée beaucoup plus longue. La chaux vive mêlée avec de l'argile forme encore une composition très-fertilisante.

Les Anglais font un compost dont les effets sur le blé et sur quelques autres céréales dépassent ceux des plus riches engrais naturels. En voici la composition :

Potasse du commerce.	25 kilogrammes.
Sel marin.	50 *id.*
Chaux vive. . . .	25 *id.*
Huile commune. . .	20 *id.*

On commence par éteindre la chaux dans une suffisante quantité d'eau, on y fait dissoudre le sel et la potasse en y ajoutant encore environ un hectolitre d'eau; on y ajoute l'huile, et on jette le tout dans une fosse; on mêle en suite à cette composition du terreau consommé dans une proportion telle que toute la partie liquide en soit entièrement absorbée. On remue ce compost plusieurs jours de suite et jusqu'à ce qu'il soit devenu pulvérulent, on l'étend sur le sol avec le plus d'égalité possible et on l'enterre avec la semence; cette quantité suffit pour amender les deux tiers d'un hectare. Ce compost si salutaire aux plantes, est un poison pour la courtillère et pour plusieurs autres insectes.

Il faut l'avouer, ce compost coûterait beaucoup plus en France qu'il ne coûte en Angleterre, à cause de l'impôt sur le sel dont les Anglais sont affranchis, impôt qui est, quoiqu'on en dise, un des plus grands obstacles aux progrès de notre agriculture.

Enfin il existe encore une autre manière, souvent très-efficace, d'amender les terres, sans fumier ni compost, c'est l'enfouissement des récoltes en vert; cette méthode agraire est loin d'être nouvelle, car elle était connue et pratiquée par les Romains du temps de la république.

Il est démontré que les plantes rendent à la terre plus de matière qu'elles n'en reçoivent, puisque les détritus que laissent, sur un terrain vierge ou qui a été long-temps sans culture, les feuilles des arbres et les débris des autres végétaux qui y périssent chaque année, forment à la longue une masse de terreau qu'elle ne contenait pas primitivement. Ces mêmes plantes, enfouies en vert, engraissent donc la terre et en augmentent l'humus; c'est ce que vient confirmer de plus en plus l'expérience agricole.

Les plantes qui sont reconnues produire le plus d'effet enfouies en vert, sont le seigle et la navette pour les semailles du printemps; les vesces, le sarrasin et la spargule pour les semailles d'automne. En général il faut préférer, pour les enterrer, les plantes dont la semence coûte peu et qui peuvent donner par une prompte croissance une plus forte masse de matière végétale : telles sont celles dont la nature approche le plus des plantes grasses. Il est bon d'enterrer par un temps humide les plantes qu'on destine à servir d'aliment à d'autres plantes afin que la décomposition s'en fasse plus vite, et qu'elles puissent être plus tôt en état de servir de nourriture à celles qui leur succèdent.

Il y a des contrées où on n'amende point autrement les terres ; et loin de s'épuiser, elles en acquièrent une fertilité toujours progressive. Ce moyen si simple et si naturel de fertiliser la terre, toujours à la disposition du cultivateur qui manque de fumier, n'est point assez pratiqué, car il vaudrait beaucoup mieux sans doute et coûterait beaucoup moins que tant de labours souvent inutiles donnés aux jachères. Par ce mode si facile d'amendement, que tous les cultivateurs devraient pratiquer ou du moins essayer, on pourrait à la rigueur se passer de fumier.

CHAPITRE V.

DES ASSOLEMENTS.

Avant le 18e siècle, la généralité des hommes, en Europe, ne connaissait guère d'autre aliment que le pain, et pour le plus grand nombre un pain grossier, malsain, insuffisant. C'est pourquoi l'agriculture ne connut, n'eut pour but constant, que la production des grains destinés, par la panification, à la subsistance de l'espèce humaine. *Le labourage et le pâturage furent les deux seules mamelles de l'état*; semer un peu de froment, beaucoup plus de seigle, d'orge et d'avoine, dont les neuf dixièmes entraient dans la mouture des familles, et laisser les terres en chômage afin qu'elles se reposassent d'avoir produit, presque sans engrais, deux ou trois chétives récoltes de céréales, et se couvrissent naturellement d'herbe pour que les bestiaux pussent en tirer d'eux-mêmes leur subsistance : voilà toute l'agriculture de la France depuis les Romains. Point de prairies artificielles, point de plantes sarclées, point de ces précieux tubercules, dont le nouveau monde a enrichi l'ancien, point de racines ni de plantes légumineuses ailleurs que dans de pauvres vergers, cultivés seulement pour ajouter au pain grossier et sans saveur dont se nourrissait le peuple, et rendre cet aliment unique un peu moins repoussant au palais, et moins indigeste à l'estomac. A la réserve du laitage aigri, de quelques barils de poisson salé et d'un peu de chair de porc, la viande n'était connue que du clergé, de la noblesse et de la haute bourgeoisie des villes ; ainsi l'agriculture n'ayant pour but unique que la production des céréales, ne connaissait, dans les contrées les plus fertiles, pour première année, que la production du seigle ou d'un peu de froment, semé sur la jachère; pour seconde année, celle de l'orge ou de l'avoine; pour troisième année, encore l'inévitable jachère, que l'on ne pouvait amender que faiblement, puisqu'on ne faisait que peu de fumier, et que l'on semait souvent *en blanc* à défaut de toute espèce d'engrais. C'est ce roulement de trois en trois années consécutives par la jachère, que l'on appelait *l'assolement triennal* et auquel, par les lois mêmes et les coutumes, il était expressément défendu au cultivateur de déroger.

Dans les contrées moins fertiles et où l'agriculture était encore dans l'enfance, on laissait les terres plusieurs années en *pâtis*, c'est-à-dire en friche pour la paissance des bestiaux, et lorsque le besoin de pain forçait le cultivateur à les rompre, elles n'étaient remises en culture que par la jachère, toujours de nécessité légale et absolue. Quoique la population fût alors moindre d'un tiers de ce qu'elle est aujourd'hui, il ne faut pas s'étonner si avec une telle agriculture, on éprouvait si souvent des disettes et quelquefois d'horribles famines, qui, pour soutenir une misérable vie, forçant les hommes à se nourrir d'aliments indigestes, dégoûtants, corrompus et encore en quantité insuffisante, étaient suivies de maladies contagieuses et d'effroyables mortalités. Ces fléaux ne sont plus à craindre, et la population de la France fût-elle encore double de ce qu'elle est aujourd'hui, il ne faudrait pas en redouter le retour; car il est démontré que la terre, presque inépuisable par une bonne agriculture, produit en raison des bras employés à la cultiver.

Après la quantité et la bonne qualité des engrais, c'est à une bonne combinaison d'assolement, qu'est due cette inépuisable fécondité de la terre; il serait difficile et peut-être même dangereux de prescrire en tous temps et en tous lieux, d'une manière rigoureuse, le même assolement; la différence des climats, des sols; la longueur ou la brièveté des baux à ferme, le défaut des facultés précuniaires chez beaucoup de cultivateurs, l'ignorance et l'insousiance chez le plus grand nombre, et une foule de circonstances non moins variables, demandent et imposent des assolements différents; on ne peut donc donner à cet égard que des notions et des règles générales.

En Angleterre, où l'agriculture s'est élevée à un haut point de perfection, l'assolement est ordinairement quadriennal et toujours alternatif entre une céréale et une autre plante quelconque; ainsi point de jachère et jamais deux céréales consécutives : la première année, une plante sarclée ou légumineuse, ou une plante fourragère d'une prompte venue; la seconde année, du froment ou du seigle; la troisième année, du trèfle ou un autre fourrage annuel; et la quatrième année, de l'orge ou de l'avoine. La grande masse d'engrais qui résulte de cette sage alternance, laquelle leur permet de nourrir beaucoup de bestiaux, leur permet de même de fumer abondamment toutes leurs plantes sarclées et légumineuses.

Nous disons que cet assolement quadriennal

est le plus généralement suivi; mais ce n'est pas une régle sans exception, surtout lorsque les Anglais font des luzernes, des sainfoins et ensemencent leurs terres en autres plantes dont la durée dépasse une année : alors l'assolement devient irrégulier; mais ce qui est sans exception, c'est que jamais deux céréales, qui sont l'une pour l'autre deux plantes épuisantes, ne se suivent immédiatement : toujours on intercalle entre elles une plante fourragére ou légumineuse. Cette méthode invariable est fondée sur ce principe : *qu'on ne peut trop éloigner une semence d'elle-même dans le même sol.*

En France, on est loin encore d'observer cette sage méthode, sans laquelle, néanmoins, il est impossible d'arriver aux riches produits que nos voisins retirent de leurs travaux agricoles; il n'est pas rare de voir encore parmi nous, deux et même trois céréales se succéder immédiatement, et terminer un assolement aussi épuisant pour le sol, par une improductive jachère, qui est une année de perdue, ou plutôt une année de dépense sans nul profit. Et ce qu'il y a de plus appauvrissant pour la terre, c'est qu'on la force à produire ces deux ou trois céréales consécutives sans l'avoir amendée autrement que par une légère fumure la première année; et comment en serait-il autrement, puisque sans alternance de plantes fourragères ou légumineuses entre les céréales, on est dénué des seuls vrais moyens d'obtenir des engrais, puisqu'on ne peut nourrir que les chétifs animaux qui servent au labourage, auxquels on est encore souvent forcé de donner pour aliment, la paille qui ne devrait être employée qu'à leur litière. En ne faisant produire à la terre que des céréales on l'épuise; on ne peut faire, pour lui rendre ses sucs nourriciers, que peu de fumier, et un fumier sans énergie et sans force nutritive; avec beaucoup de travail on n'obtient que peu de produit, la culture demeure pauvre, et le cultivateur plus pauvre encore.

Cette pauvreté d'un grand nombre de cultivateurs est un des plus grands obstacles au perfectionnement progressif de notre agriculture; car elle s'oppose à la suppression des jachères et à l'alternance des plantes de nature diverse par le manque de bras, et plus encore par le manque d'avances pécuniaires. Nos cultivateurs sont généralement trop pauvres pour pouvoir s'élancer dans l'avenir par la création de prairies artificielles et autres spéculations agricoles de longue attente, pour se procurer le grand nombre de bestiaux que réclamerait la consommation d'abondants fourrages, d'où résulteraient tant et de si puissants engrais; ils sont forcés, par l'exiguité de leurs ressources, de se confiner dans le présent, et souvent de ne vivre qu'au jour le jour. Tant que cet état de gêne et de malaise durera, notre agriculture restera stationnaire; car encore une fois, ses progrès ne s'établiront et n'auront leur développement, que par la suppression des jachères et l'alternance des céréales et des plantes fourragères.

Cette assertion est fondée en fait comme en principe; l'expérience est venue prouver que chaque plante épuise le sol qui la nourrit de tous les principes nutritifs qu'a nécessité sa croissance ; que, par conséquent, la terre ayant nécessairement perdu ce que la croissance de cette plante lui a enlevé, se refuse à nourrir une seconde plante de même nature qui lui succède immédiatement ; mais par contre, l'expérience a prouvé, d'une manière non moins évidente, que cette même terre qui s'est épuisée à nourrir une plante par rapport à une autre plante de même nature, s'est enrichie de nouveaux principes nutritifs, pour produire des plantes d'une nature différente. La terre qu'une céréale a épuisée pour la production d'autres céréales, s'est par cela même enrichie de principes nutritifs propres à produire des plantes fourragères ou légumineuses ; de même une terre qui vient de produire de la luzerne, du trèfle ou des racines, se trouve épuisée pour la reproduction de ces mêmes plantes ou de leurs congénères ; et c'est par cela même, qu'après une luzerne ou un trèfle, une terre se trouve si bien disposée à produire une céréale. C'est sur ce principe invariable qu'est fondée la sage alternance des Anglais.

C'est aussi de ce principe toujours vrai que l'on a inféré qu'en agriculture toutes les plantes sont de deux sortes : *épuisantes* et *restaurantes* ; d'où l'on a conclu qu'il fallait toujours faire suivre une plante épuisante par une plante restaurante ; mais on s'est trompé quand on a dit que les céréales seules étaient toujours épuisantes et que les plantes fourragères étaient constamment restaurantes ; car toutes ces plantes sont également épuisantes et restaurantes tour à tour : épuisantes pour elles-mêmes et pour toutes celles d'une nature semblable, et restaurantes pour celles d'une nature contraire. La luzerne, par exemple, si restaurante pour une terre que des céréales ont épuisée, est tellement épuisante pour elle-même et pour les autres plantes fourragères, que pour faire produire une seconde luzerne à la terre qui en a déjà produit une première, il faut mettre entre les deux un intervalle de douze à quinze ans ; cela n'en confirme que mieux cet excellent précepte : que pour réussir en agriculture il faut toujours faire suivre une plante épuisante par une plante restaurante, et que toute richesse agricole durable est fondée sur l'alternance des plantes de nature différente.

C'est par cette alternance que l'on arrivera insensiblement et sans perturbation à la suppression totale des jachères. Deux obstacles s'opposeront encore long-temps à cette heureuse suppression : la trop grande agglomération de la propriété et le défaut de bras pour la cultiver.

La raison qui avait fait établir l'ancien assolement triennal, par lequel un tiers des terres retombaient chaque année en jachère morte, n'était pas sans doute, comme on le croit communément, le seul besoin de repos ; mais plutôt pour les délivrer, par plusieurs labours successifs, des mauvaises herbes dont elles étaient infestées par leurs racines vivaces ou par leurs semences. La charrue, en amenant successivement ces racines et ces semences à la surface du sol, les provoquait à la germination, qu'un labour subséquent venait ensuite détruire. On a trouvé le moyen de suppléer à cette méthode inféconde, par une méthode nouvelle qui, en ameublissant également le sol et en y extirpant mieux encore les plantes parasites dont il renferme les semences et les racines, produisît à leur place des plantes utiles qui dédommageassent le cultivateur de ses frais et de ses peines ; on a donc trouvé le moyen de remplacer avantageusement les coûteuses et improductives jachères, par une culture à la fois productive et suivie des mêmes effets pour la production des céréales : cette nouvelle méthode, c'est la culture des plantes sarclées.

Cependant, il est juste de reconnaître ici, que sans une notable augmentation des bras attachés aux travaux agricoles, surtout dans les localités où les propriétés sont peu divisées, où il n'y a que de grandes fermes et peu de hameaux, il serait impossible de cultiver un tiers des terres en plantes sarclées. Ce ne sera donc que lentement que l'on arrivera dans ces localités à la suppression totale des jachères, par la culture si avantageuse des plantes sarclées ; mais on y arrivera si on prend la ferme résolution de toujours intercaler une plante fourragère ou légumineuse entre deux céréales.

Il y a beaucoup de cultivateurs qui, dominés par la routine et les vieux préjugés, s'imaginent que la suppression totale des jachères livrera la terre à l'empire des mauvaises herbes; cette crainte est chimérique ou plutôt elle n'est qu'une erreur puérile. Avez-vous un champ livré à l'empire des plantes parasites, telles que le chiendent, la renoncule sauvage et d'autres mauvaises herbes difficiles à détruire? L'année qu'il tombe en jachère, faites-y des pommes de terre, des betteraves, des carottes, du colza ou autres plantes oléagineuses, surtout, ce qui vous donnera un excellent produit, semez-y du maïs ou du millet: toutes ces plantes d'un si grand revenu quand elles sont bien cultivées, exigent, pendant les hâles du printemps et les chaleurs de l'été, des sarclages, des binages, des buttages, et après leur maturité un labour d'arrachage; tous ces labours donnés dans une saison où le chiendent et les autres plantes parasites déploient toute l'activité de leur végétation, et craignent pour leurs racines les rayons du soleil, en recevront des blessures mortelles, qui en délivreront complétement votre champ.

Mais, me répondrez-vous, il y a des plantes parasites dont les racines s'enfoncent si profondément dans la terre, que ni les labours des jachères ni ceux des plantes sarclées ne peuvent les détruire; comment y parvenir? Rien de plus facile : on y parvient sans frais et sans peine par l'action de la faux. Avez-vous un champ que dominent les ronces, les hièbles, les chardons et autres plantes vivaces? Faites-en un pré artificiel en y semant de la luzerne, si c'est une terre à luzerne, ou toute autre plante fourragère, promenez-y ensuite la faux quelques années, et votre champ en sera parfaitement nettoyé; au bout de trois années de fauchaison, il n'existe plus sur aucune prairie artificielle ni ronces, ni hièbles, ni chardons.

J'ai eu cent fois occasion de me convaincre que rien ne détruit mieux et plus vite les plantes vivaces que l'action de la faux; non-seulement la pratique des prairies artificielles restaure une terre épuisée par la production des céréales, mais elle la délivre en même temps, par l'action de la faux, des mauvaises herbes dont elle était infestée.

Voulez-vous du blé, dit Jacques Bujault de Melle? Faites des prés. Jacques Bujault a raison : avec des prés vous pouvez nourrir et engraisser beaucoup de bestiaux ; ces bestiaux vous donneront beaucoup de fumier et de bon fumier; vous labourerez moins, vous ensemencerez moins de terre, ce qui diminuera vôs dépenses d'exploitation, et vos récoltes n'en seront pas moins doublées en paille et en grain. Il a été reconnu par les Anglais qui ont visité la France, que si la culture y était soumise comme chez eux à l'alternance des plantes fourragères ou des plantes sarclées et des céréales, dans dix ans ses récoltes en seraient plus abondantes et plus riches d'un tiers ; cette assertion a été émise par le savant agronome Arthur-Young lorsqu'il parcourut la France en 1815 : « Le système de notre agriculture, dit-il, est » supérieur, même en blé, à celui de la Fran- » ce ; mais si les meilleures terres de France » étaient conduites comme les nôtres, je suis » certain qu'elles donneraient bien plus de » produits qu'en Angleterre, et que la quan- » tité et la qualité du froment surtout, y ga- » gneraient beaucoup. »

Pour ceux qui n'ont pas apprécié les bons effets des prairies artificielles, et surtout des plantes sarclées, l'agriculture est encore dans son enfance : ils méconnaissent les véritables bénéfices du laboureur. La suppression des jachères et l'alternance des plantes de nature diverse, voilà la véritable source des richesses agricoles, voilà ce qui donne en masse du pain et de la viande.

On nous objectera peut-être encore ici que cette alternance de plantes diverses qui aurait pour effet, dans un avenir peu éloigné, les plus grandes richesses agricoles, n'est possible que pour quelques climats et quelques sols privilégiés, mais qu'elle est impraticable dans le plus grand nombre des localités; nous soutenons, nous, qu'elle est possible et praticable en France pour tous les climats et tous les sols, et dans toutes les localités. La nature a varié presqu'à l'infini les productions de la terre, et, par cela même, elle l'a rendue inépuisable à l'industrie humaine; l'homme n'a qu'à vouloir et à traduire sa volonté en actualité, pour que son travail produise. Il y a des plantes pour tous les climats, pour tous les sols, pour toutes les localités; c'est à l'homme à les étudier et à leur appliquer ce qui leur convient, et il peut être assuré que ses peines ne seront pas sans récompense.

Les plantes qui peuvent entrer dans les divers assolements sont :

1° Les plantes fourragères. La luzerne, le sainfoin, le trèfle ordinaire, le trèfle incarnat, le trèfle noir ou la lupuline, le trèfle jaune ou minette, les ray-grass, la spergule, etc.

2° Les plantes légumineuses. Les vesces, les pois, les fêves, les lupins, les haricots, etc.

3° Les plantes oléagineuses ou à huile. Le colza, la navette d'hiver, la navette d'été, l'œillette ou pavot, la cameline, le senevé, etc.

4° Les plantes tubéreuses et les plantes racines. La pomme de terre, le topinambour, la betterave, la carotte, les navets, les choux, etc.

5° Les plantes textiles et tinctoriales. Le chanvre, le lin, la garance, le pastel, etc.

6° Beaucoup d'autres plantes utiles peuvent entrer très-avantageusement dans l'assolement des plantes sarclées, telles que le sarrasin ou blé noir, et surtout le maïs et le millet auxquels nous consacrerons un article à part.

Le cultivateur intelligent et actif se procurera des semences de toutes ces plantes et de beaucoup d'autres que nous avons passées sous silence. Il en fera d'abord l'essai en petit, et lorsqu'il aura acquis, par l'expérience, la certitude qu'elles peuvent être cultivées avec profit, il en établira la culture en grand, et en tirera le parti le plus avantageux. L'agriculture n'est ingrate, elle ne présente peines et privations que pour le cultivateur indolent et routinier; elle a toujours un côté avantageux pour le cultivateur intelligent, actif et laborieux.

CHAPITRE VI.

CULTURE DES CÉRÉALES.

Le but de l'agriculture est la production des biens nécessaires au soutien de la vie humaine. L'homme avant tout doit s'assurer ceux qui servent à son alimentation, et comme le pain en est la base, les farineux qui le composent sont donc la production essentielle qu'il doit se proposer d'obtenir de ses travaux agricoles : telles sont toutes les espèces de céréales.

Le froment, c'est-à-dire le blé proprement nommé, est la première de ces céréales ; on en compte de plusieurs espèces que nous partagerons d'abord en deux divisions : le blanc et le rouge ; cette dernière espèce a beaucoup de variétés que l'on divise encore en blés durs du Nord et en blés tendres d'Europe ; les uns portent de la barbe à leurs épis, les autres sont sans barbe : ces derniers sont généralement plus estimés, et ils méritent de l'être, car ils sont ordinairement meilleurs et plus productifs.

La plus grande partie de ces espèces de blé se sème en automne, et porte par cela même la dénomination de blé d'automne ; mais il y a aussi des blés de printemps. Nous allons en mentionner les principales espèces selon leur degré d'importance, et nous commencerons par le froment blanc.

Le *froment blanc* est reconnu aujourd'hui le meilleur de tous ceux qui peuvent être cultivés en France, sous le double rapport de l'abondance et de la qualité de son produit en farine. Sa culture se généralise et s'étend de plus en plus ; il n'est peut-être pas le plus avantageux dans les terres calcaires et sablonneuses, mais aucune autre espèce n'est d'un aussi bon rapport dans les terrains argileux, compactes, et surtout dans les blancs limons. Il talle moins que certains blés rouges, mais ses tiges sont plus vigoureuses, plus fortes, et il résiste mieux aux divers accidents qui le porteraient à verser.

Après le froment blanc nous indiquerons le *froment rouge commun*, sans barbe, à paille dure, à épis oblongs et à mailles serrées ; il est le plus répandu en France et dans les autres pays de l'Europe ; c'est le plus vigoureux des blés, il ne repousse d'une manière absolue aucun terrain, aucun climat ; son plus grand défaut ou plutôt son seul défaut c'est de verser dans les terrains trop riches d'humus. Il serait bon alors de lui substituer le froment blanc ou mieux encore le blé poulard, dont la paille forte et à gros tuyaux résiste mieux à une végétation trop puissante.

Après celui-là nous croyons devoir placer le *petit blé rouge*, sans barbe, appelé *tuzelle de Provence, blé de Saint-Savin, blé luisant.* Il résiste également aux fortes gelées et aux grandes sécheresses; il n'échaude jamais, et quoique sa paille ne vienne pas aussi forte que celle de l'espèce précédente, il verse rarement et il graine très-bien. Les terres légères, calcaires, caillouteuses lui conviennent.

Le froment à *gros épi jaune :* c'est l'espèce qui jusqu'à présent a dominé dans les cultures de la Beauce et des environs de Paris. On commence à lui substituer le froment blanc, dont la qualité est supérieure et qui ne donne pas une moindre abondance.

Le *blé dur d'Odessa*, qui depuis une vingtaine d'années se cultive avec succès dans quelques-uns des départements du centre de la France : il craint la gelée surtout dans les terrains aquatiques; mais il réussit très-bien dans les terres chaudes et légères; son rendement en farine de premier choix, étant supérieur à celui de toutes les autres espèces, en fera étendre la culture, surtout dans nos départements méridionaux.

Le *blé rouge barbu d'Angleterre :* la paille en est fine, l'épi court; il graine un peu moins que la touzelle de Provence, mais son grain est très-estimé et il passe pour être le plus luisant et le plus fin des blés rouges.

Le *froment barbu commun à épi jaune* et *à grain rouge pâle :* ce blé était, il y a un siècle, le plus généralement cultivé en France; mais il cède la place au blé sans barbe à mesure que l'agriculture se perfectionne, c'est encore celui qui domine dans quelques départements de l'ouest. Cette espèce est encore très-cultivée en Italie, parce que sa paille est la plus belle et la plus fine, et, par conséquent, la plus propre à la fabrication des chapeaux.

Viennent ensuite les gros blés, appelés *blés poulards;* il y en a de plusieurs sortes : la première et peut-être la seule qui mérite d'être cultivée en France, c'est le blé poulard à *épi bleu* et *à grain uni et conique;* ce blé donne moins de farine à poids égal que les autres blés; mais, semé dans un terrain riche et bien fumé, il donne une telle abondance de paille et de grain qu'aucune autre espèce n'est d'un plus grand produit; comme la paille en est grosse et dure, il ne verse jamais; c'est pourquoi la culture en est très-avantageusement établie dans la belle vallée qu'arrose la Sèvre Niortaise, où il porte le nom de *blé goy*. Nous répéterons que cette espèce n'est d'un bon produit que dans un terrain absolument riche d'humus, où les autres espèces sont sujettes à verser, et qu'il ne convient nullement dans une terre peu fertile : c'est pourquoi quelques cultivateurs qui n'ont pas su l'approprier à la terre qui lui convient se sont vus forcés de renoncer à le cultiver.

Il y a une autre espèce de blé poulard, connu sous la dénomination de *blé monstre* ou de *blé de miracle;* la paille en est grosse et dure comme celle de l'espèce précédente, l'épi en est monstrueux, étant formé d'un épi supérieur le long duquel sortent et se groupent d'autres petits épis, qui forment une famille d'épis homogènes plantés sur un même tronc. Depuis un demi siècle, on a fait beaucoup d'efforts pour naturaliser en France cette sorte de blé, mais presque partout on a été forcé d'y renoncer. Originaire du pays chaud de la Grèce, il est sujet à la gelée et craint toutes les intempéries : c'est pourquoi il ne réussit tout au plus qu'une année sur quatre.

Nous voici arrivés aux *blés de Mars :* l'espèce commune n'est que l'espèce de *blé barbu* d'automne, que l'on peut aussi semer au printemps ; la paille alors reste plus courte, plus fine; le grain, très-lisse, est plus menu et plus luisant que le produit de la même espèce, semée en automne.

Un blé réel de printemps, c'est le blé du *Cap de Bonne-Espérance ;* l'épi en est blanc, beaucoup plus allongé que celui de l'espèce précédente, ainsi que le grain qui est d'une couleur très-pâle. Ce blé est un vrai marsais, puisqu'il ne réussit point semé en automne.

Le *blé carré de Sicile :* la paille en est aussi haute et aussi forte que celle du blé d'automne; le grain est d'un rouge foncé, très-luisant et très-estimé. C'est encore un vrai blé de mars, qui est en outre très-hâtif.

Le *blé de la Trinité* ou de *soixante-dix jours :* comme ce blé est originaire des climats intertropicaux, il ne veut être semé que dans le mois d'avril, et lorsque la terre commence à être échauffée ; le grain en est menu, mais l'écorce en est extrêmement mince, et la farine une des plus fines. Si ce blé était bien naturalisé en France, il serait supérieur, par la rapidité de sa croissance, l'abondance de son produit, et son excellente qualité, à tous nos autres blés de printemps.

Il y a encore plusieurs autres espèces de blé sur lesquelles nous garderons le silence, parce que jusqu'à présent n'offrant point d'avantage réel à l'agriculture, nous les laisserons dans le champ de la botanique.

La céréale qui, par son importance, suit immédiatement le froment en agriculture, c'est le seigle. Le seigle produit un pain bien inférieur au pain de froment; il est aussi bien plus difficile à réussir dans la manipulation, mais lorsqu'il est bien fait, et surtout bien cuit, il ne laisse pas que d'être très-savoureux et très-nourrissant; il y a encore beaucoup de contrées, même en France, où les habitants ne connaissent point d'autre aliment.

Le froment ne refuse aucune espèce de terrain à l'exception d'un seul, le terrain granitique; mais par un effet contraire, le seigle qui se refuse à croître dans les terrains argileux et calcaires, affectionne les terrains granitiques. Ainsi la Providence, en assignant à chaque espèce de sol une plante qui lui est propre, a voulu augmenter nos richesses agricoles en les variant; c'est par un effet de cette loi providentielle que les terrains granitiques, siliceux et tourbeux de la Vendée et de la Bretagne, qui se refusent à la production du froment, produisent du seigle en abondance; il est encore reconnu que le seigle des terrains granitiques et des autres terrains qui lui sont propres, donne une farine plus blanche et est plus avantageux à la panification, que le seigle qui croît dans les gras limons et les autres terres franches, propres à la production du froment.

On ne connaît guère que deux espèces de seigle bien distinctes ; la première est le seigle à longs épis et à gros grains, ternes et verdâtres, appelé *seigle du Limousin ;* c'est celui dont la culture est générale en France.

Il en existe une autre espèce dont la paille et les épis sont plus faibles et le grain beaucoup plus petit, plus rouge, plus clair et plus luisant. Ce dernier, que l'on cultive dans le Bas-Poitou et dans les environs d'Angers, est plus estimé que le seigle à gros grains, et il mérite de l'être, car il donne un pain plus blanc et bien plus savoureux.

Le seigle se sème en automne, quinze jours avant l'emblavaison du froment ; il y a même des contrées, telles que la Champagne et une partie de la Lorraine, où le seigle se sème dès la fin d'août, si la terre est assez imbibée pour sa germination. Le seigle demande, plus que les autres céréales, une terre préparée d'avance par les binages d'une plante sarclée ou les labours de la jachère.

L'orge suit le seigle par son degré d'importance, et il est employé comme lui à l'alimentation des habitants de la campagne, mélangé avec le froment ou avec le seigle. Il y a encore beaucoup de familles pauvres qui se nourrissent exclusivement de pain d'orge ; c'est le pain quotidien de la plus grande partie des familles qui habitent les îles de Rhé et d'Oleron ; outre son usage dans la panification, l'orge est une céréale bien précieuse pour la fabrication de la bière et des autres boissons spiritueuses, que consomment les habitants du nord de l'Europe.

Il y a plusieurs espèces d'orge que nous comprendrons dans deux divisions générales : l'orge d'hiver, à gros épis ronds, à six rangs de grains, appelée communément *escourgeon,* et l'orge de printemps, à épis à deux rangs de grains ou à *l'ame plate.*

L'orge d'hiver ou l'*escourgeon,* est une céréale précieuse par sa maturité précoce, laquelle devance souvent de quinze jours la maturité des autres céréales. Beaucoup de pauvres familles et même des fermiers y ont recours, lorsque leurs greniers sont vides et qu'ils ne peuvent encore atteindre ni le seigle, ni le froment ; l'escourgeon est aussi la céréale la plus productive par son abondance, lorsqu'elle a été semée dans un terrain riche et bien fumé.

Il y a plusieurs variétés d'escourgeon ; nous ne parlerons que de celle appelée *orge carrée,* qui approche de la première par la qualité, mais qui ne la vaut pas pour l'abondance du produit.

Il y a aussi une espèce d'escourgeon de printemps, mais qui produit peu, et dont le grain petit et chargé d'écorce ne renferme que peu de parties nutritives.

La véritable orge de printemps est l'orge à l'ame plate, c'est à-dire qui n'a que deux rangs de grains à l'épi ; elle porte divers noms vulgaires selon l'idiome des pays qui la cultivent, comme *paumoule, marsèche, baillarge, péplate, lamelle,* etc. Cette orge ne se sème qu'au printemps, sur un terrain qui a déjà reçu en hiver quelques labours ; dans plusieurs provinces, on la sème après le blé et le méteil, quelquefois même en troisième céréale, et c'est elle alors qui termine l'assolement quadriennal; c'est à grand tort, car alors elle est peu productive, et elle finit par épuiser totalement la terre. Il faut donc encore répéter ici que le cultivateur épuise ses propres ressources en épuisant la terre, et qu'il est au contraire de son plus grand intérêt pour l'avenir, d'intercaler toujours une plante fourragère ou légumineuse entre chaque céréale; par ce moyen, il obtiendra des récoltes infiniment plus profitables, puisque la terre ne se trouvera jamais épuisée de ses sucs nourriciers.

L'orge est un des meilleurs grains pour l'engraissement des animaux ruminants, de la volaille et des porcs, et c'est pour cette raison qu'elle est une des productions les plus profitables au laboureur.

Les terrains qui conviennent à la production de l'orge, sont les terrains argilo-sablonneux, les terres calcaires et légères et généralement toutes les terres à froment; il semble que ces deux céréales doivent toujours être cultivées de compagnie, comme le seigle et l'avoine se plaisent aussi ensemble et affectionnent les mêmes terrains et le même climat.

De toutes les céréales l'avoine est toujours celle que l'on met en dernière ligne; néanmoins, par ses nombreux usages, elle n'est peut-être pas la moins importante; bien qu'elle soit peu nutritive pour l'homme et qu'elle ne lui fournisse qu'un aliment grossier, il est des contrées où elle entre encore, pour une notable partie, dans sa nourriture quotidienne ; dans l'ouest de la France et surtout en Bretagne, il y a un grand nombre de familles qui y ont recours, en la mêlant aux autres grains qui composent leur provision annuelle.

Mais c'est pour la nourriture des animaux domestiques que l'avoine joue un rôle si élevé dans l'économie rurale ; elle est la nourriture par excellence des chevaux, et aucun autre grain ne pourrait la remplacer aussi avantageusement pour les soutenir dans les divers travaux qu'ils sont appelés à accomplir. L'avoine est pour ces précieux compagnons de l'homme, ce que le vin et les autres toniques sont pour l'homme lui-même.

L'avoine ne refuse presque aucun terrain ni aucun climat, elle est de toutes les céréales celle qui peut être le plus universellement cultivée ; elle est aussi celle dont la culture est la plus facile et la moins dispendieuse ; la terre qui doit en recevoir la semence ne demande ni labour ni préparation préalable ; elle demande seulement, lorsque sa croissance commence à se développer, d'être hersée ou roulée selon que l'exigent la température et la nature du sol auquel elle est confiée.

On connaît plusieurs espèces d'avoine qui toutes ont leur degré de mérite suivant le pays où elles sont cultivées.

L'avoine *commune* est la plus productive sous le double rapport de l'abondance et de la qualité nutritive, mais cette supériorité ne se réalise que dans la zone tempérée ; là on peut la semer en automne, et lorsqu'elle passe l'hiver sans avoir été altérée par la gelée, son abondance est prodigieuse, le grain en est aussi beaucoup plus pesant que celui de l'avoine de printemps.

Il y a une autre espèce d'avoine d'hiver dont l'écorce est jaune, mais plus sujette à geler, et qui, par conséquent, ne peut être cultivée que dans le midi et l'est de la France.

L'avoine *noire de Brie* est celle qui convient le mieux à la partie centrale et aux départements du nord; quoique plus chargée d'écorce que les espèces précédentes, son grain est nourrissant, fortement tonique, et aucune autre espèce ne convient peut-être mieux aux chevaux. En fait d'avoine de printemps il n'en est point non plus de plus productive, surtout lorsqu'elle est semée dans une terre franche et riche d'humus.

L'avoine *à grappe* de Hongrie est aussi d'un très-bon rapport; son grain est moins pesant et moins nourrissant que celui des autres espèces; mais elle a pour elle l'inappréciable mérite de venir bien dans les plus mauvais terrains, où les autres espèces ne donneraient qu'un faible produit.

Il y a encore d'autres espèces d'avoine que des amateurs cultivent plutôt par curiosité que dans un but intéressé. On vante dans ces espèces peu connues, l'avoine de Géorgie que l'on dit être d'un rapport avantageux; lorsqu'elle sera mieux naturalisée et plus répandue, elle deviendra une nouvelle richesse agricole.

L'ensemencement des céréales est une des

parties les plus importantes de l'industrie rurale ; il doit se faire avec beaucoup de prudence et de soin.

On ne peut guère prescrire de règles positives sur la quantité de semence que l'on doit confier à la terre : il en faut tantôt plus et tantôt moins, selon la nature du sol et la saison où l'on sème ; le trop de semence et le trop peu sont également à éviter. Un ensemencement trop dru est une double perte, d'abord par l'excès de semence, et ensuite par le défaut de développement que cet excès occasionne aux plantes ; dans un champ où il y a trop de semence, les plantes se gênent, s'absorbent et ne peuvent plus taller ; la paille s'étiole, reste menue, faible, rachitique ; on a un plus grand nombre d'épis, mais ces épis sont courts, peu chargés de grains, et encore de grains mal nourris ; souvent quatre de ces épis ne valent pas un épi ordinaire. Un tiers de semence de moins, le champ eût donné un tiers de produit de plus. Le manque de semence est aussi un grand défaut, mais il est rarement suivi d'effets aussi déplorables ; en thèse générale, il vaut toujours mieux qu'un champ s'ensemence de lui-même, c'est-à-dire que les plantes y tallent et s'y développent à l'aise, que de se trouver serrées par un excès de semence ; lorsque le tallement s'opère à l'aise, la plante acquiert de la vigueur pour résister aux intempéries, la paille devient plus grosse et plus forte, et elle porte des épis mieux développés et plus riches.

En tout état de cause il faut encore ici consulter la nature du terrain que l'on emblave ; si c'est une terre franche, consistante, qui résiste à l'action de la gelée, il faut se garder de semer trop épais, il vaut mieux alors pécher par le moins que par le trop de semence ; au contraire, si c'est une terre qui se relâche et se décompose par la pluie ou par la gelée, il faut prévoir que l'hiver peut faire périr une partie des plantes, ou les hâles du printemps s'opposer au tallement, alors il faut forcer de semence ; de même un terrain maigre demande plus de semence qu'une terre riche d'humus, où on est certain que la plante tallera avec vigueur.

Il faut enfin, dans l'ensemencement des terres, consulter la saison ; si on la devance et que l'emblavaison soit précoce, il faut être avare de semence parcequ'on peut prévoir que la plante acquerra un prompt développement et une force de végétation qui la mettra à même de résister aux intempéries de l'hiver ; il faut au contraire forcer de semence lorsque la saison est avancée et que l'on est attardé, parce qu'on peut être convaincu d'avance que le froid atteindra la plante dans sa faiblesse, et qu'il peut en périr beaucoup.

Il faut aussi avoir égard à l'enfouissement des semences ; en général, les plantes ne veulent pas être enterrées trop profondément, il suffit même le plus souvent qu'elles tombent sur le sol pour y germer et y croître sans aucun secours humain. Les céréales ne veulent pas plus que les autres semences être trop enterrées, il faut se régler à cet égard sur l'état de la terre et celui de la température ; lorsque la terre est bien humectée et que l'atmosphère est chargée d'humidité, il suffit qu'elles soient couvertes de quelques lignes ; dans un temps de sécheresse il faut au contraire qu'elles soient enterrées de deux pouces au moins, afin qu'elles puissent trouver assez de fraîcheur pour germer et pour soutenir les premiers efforts de la croissance.

Il faut encore consulter ici la nature du sol ; dans une terre franche, compacte, qui se soutient contre l'action des pluies et surtout des gelées, la semence est toujours assez enterrée ; il n'en est pas ainsi dans une terre argileuse, craieuse, venteuse ou pulvérulente, qui se décompose trop facilement par la pluie et par la gelée ; il faut bien enterrer la semence afin que la plante qui doit en sortir ait ses racines encore couvertes à la fin de l'hiver, pour pouvoir résister aux hâles de mars et aux premières chaleurs de l'été.

Il nous reste encore à parler de quelques plantes farineuses qui peuvent servir d'auxiliaires aux céréales dont nous venons de parler, et qui dans certains pays leur sont préférées, comme plus favorables au climat ou d'un rapport plus avantageux : tels sont le *sarrasin* ou *blé noir*, le *maïs* ou *blé de Turquie*, le *millet*, et par-dessus tout la *pomme de terre.*

§ I. DU SARRASIN.

Le sarrasin est une plante herbacée de la hauteur d'environ deux tiers de mètre, rameuse, à larges feuilles pointues, de l'aisselle desquelles sortent les épis, ou plutôt les bouquets de semence; cette semence se compose de grains triangulaires, d'un noir pâle, qui contiennent une farine terne, très-consistante.

Le sarrasin, quoiqu'il fasse la nourriture principale d'un grand nombre de familles pauvres, surtout dans l'ouest de la France, ne donne pas un bon pain; il est meilleur façonné en petits gâteaux, en crêpes et surtout en bouillie, qui, en se refroidissant, prend une telle consistance qu'on peut la couper par tranches comme du pain.

Le sarrasin est une plante plus précieuse par son application à la nourriture des animaux ruminans, des porcs et de la volaille, que consacré à l'alimentation de l'homme; il les engraisse promptement et communique à leur chair une fermeté que l'on demanderait en vain aux autres céréales.

Le sarrasin donne aussi un très-bon fourrage vert que les bestiaux ne mangent pas avec avidité, mais qui les nourrit très-bien.

Le plus grand service que le sarrasin peut rendre à l'agriculture, c'est par son emploi comme engrais; c'est une plante grasse, qui contient beaucoup de sel végétal et surtout beaucoup de carbonatte de potasse; c'est pourquoi, lorsqu'il est enfoui vert et en fleur, il fournit, à la céréale qui lui succède, un engrais puissant, qui agit sur elle à l'égal du meilleur fumier.

Le sarrasin ne vient pas dans toutes les

terres, ni même dans les meilleures terres; il refuse de croître dans les limons et dans les terres argilo-calcaires; il n'est d'un bon produit que dans les terres à seigles; il n'en refuse aucune, pas même les plus mauvaises, ce qui le rend, pour quelques contrées, d'une haute importance : les terres qu'il affectionne sont les terres à bruyères, les terres sablonneuses et granitiques.

§ II. DU MAÏS.

Nous plaçons le maïs beaucoup au-dessus du sarrasin, quoique la culture en soit moins générale en France. Le maïs, par ses nombreuses applications aux usages de la vie domestique et les éminents services qu'il peut rendre par l'abondance de ses récoltes et ses hautes propriétés nutritives, est loin encore d'être apprécié à sa juste valeur.

Le maïs est de toutes les plantes à grains farineux celle qui est la plus productive; il donne souvent plus de cent pour un, et rarement moins de cinquante.

L'homme trouve dans le maïs une excellente nourriture et il n'en est point de plus saine; son grain est, après celui du froment, le grain qui fournit le meilleur pain; la farine qu'on en retire, mélangée avec celle du froment, donne un pain tellement savoureux dans sa nouveauté que, dans le midi de la France, beaucoup de personnes le préfèrent au pain de blé pur.

Pour la nourriture des animaux, le maïs est

un grain si précieux qu'aucun autre grain ne peut le remplacer ; il engraisse promptement les bœufs et les moutons qui le reçoivent parmi leurs aliments, mais plus promptement encore les porcs et la volaille, dont la chair en acquiert une qualité supérieure.

Les avantages du maïs ne se bornent pas à la propriété du grain qu'il produit avec tant d'abondance; sa paille trouve aussi sa place dans les usages de l'économie domestique : tout le monde sait que les feuilles qui servent d'enveloppe à l'épi ont une propriété si élastique et si douce qu'elles peuvent remplacer la laine dans les matelas, et qu'elles font surtout les meilleures paillasses dont on puisse se servir ; les gros troncs servent à chauffer le four.

Le maïs fournit encore le meilleur de tous les fourrages verts ; il n'est point de nourriture dont le betail soit plus friant, et qui l'entretienne mieux dans un état constant de vigueur et de santé : les vaches qui en sont nourries donnent un lait supérieur et en quantité souvent double de la mesure ordinaire.

Aucune autre espèce de fourrage n'approche du maïs pour l'abondance du produit, j'ai vu, pendant plus de deux mois, la nourriture de quatre bœufs et de deux vaches, tirée exclusivement d'un demi-arpent de maïs.

Il y a plusieurs espèces de maïs, mais on ne s'attache qu'aux trois suivantes : le *gros maïs jaune ;* le *petit maïs quarantain* et le *gros maïs blanc ;* le premier est celui qui est le plus généralement cultivé.

La culture du maïs est facile, il ne refuse

presque aucune terre, si ce n'est un sol trop argileux ou quelques limons aquatiques; il affectionne les terres légères, telles que les sols siliceux, calcaires et pierreux : la terre qu'on lui destine doit avoir été préparée d'avance et surtout bien fumée.

On le sème vers la mi-avril en lignes distantes de deux pieds, et les pieds à douze à quinze pouces de distance; on laisse tomber deux grains, puis on en tire un au binage; un hectare doit contenir environ 25,000 pieds, qui donneront une moyenne de 45 hectolitres de grain.

Un mois après qu'il est né on lui donne un premier binage, et quelque temps après on le bute; ces deux façons peuvent se donner avec la houe à cheval et le butoir-araire à deux oreilles.

Lorsque l'épi de fleurs mâles qui couronne la plante est fané et que la soie des épis qui portent le grain est bien sortie, on retranche la partie supérieure de la tige, au-dessus de l'épi le plus élevé, ce qui donne un excellent fourrage; lorsque l'enveloppe des épis jaunit et commence à se sécher, on en retire toutes les feuilles qu'on donne encore en nourriture aux bestiaux, ce qui leur est un très-bon aliment à cause des épis avortés qu'on enlève avec les feuilles.

Si l'année était pluvieuse ou tardive, il faudrait tordre le tronc au-dessous des épis que l'on recourbe en bas; quand l'enveloppe des épis est à moitié sèche, on les cueille, on en met le grain à nu et on les pend par paquets sur une perche ou le long d'un mur bien exposé aux rayons du soleil; lorsque le grain en est suffisamment sec, on l'égrène et on le met au grenier.

Lorsqu'on ne se propose que d'obtenir du maïs un fourrage vert, on le sème à la volée sur la jachère, et il ne demande aucun travail que celui d'en faire la récolte; on le sème à plusieurs reprises depuis avril jusqu'en juillet, et on a de quoi alimenter les bestiaux jusqu'aux gelées; il faut le semer un peu dru, parce qu'il vient moins gros, s'élève plus vite et reste plus tendre et plus délicat.

§ III. DU MILLET.

L'agriculture possède encore une graminée qui approche beaucoup du maïs par ses nombreux avantages : nous voulons parler du *millet.* Quoique son grain soit menu, il en donne une si grande quantité que la récolte en est souvent d'une grande abondance.

La farine qu'on retire du millet est si nourrissante qu'on l'a appelé avec raison le riz de l'Europe; seulement décostiqué, son grain peut remplacer le riz dans ses nombreuses applications à l'économie domestique. Dans le Poitou on en fait un *mil-au-lait* que les palais les plus délicats préfèrent au riz; et quelque grossier que soit le pain de plusieurs ménages, ce mil-au-lait y étant ajouté, le fait trouver savoureux; dans plusieurs contrées où le pain bis n'est pas encore très-bon, ceux qui en font leur nourriture ajouteraient à leur bien-être en cultivant le millet pour le joindre, en gruau avec le lait, à leur alimentation.

Il y a plusieurs sortes de millet; nous ne parlerons que du millet commun dont on connaît trois variétés, le *blanc*, le *jaune* et le *noir*, ainsi nommés de la couleur de la pellicule qui leur sert d'enveloppe; car la substance intérieure, la farine est également jaune dans les trois espèces : c'est la première variété que l'on cultive plus communément.

Le millet est originaire des pays méridionaux, les anciens le cultivaient avec autant de soin que le riz; et aujourd'hui même, dans plusieurs contrées de l'Afrique, les habitants n'ont point d'autre nourriture.

On a cru long-temps et on croit encore que là où le climat cesse de convenir à la vigne, le millet, comme le maïs, ne pouvait croître et prospérer; c'est une grave erreur pour l'une comme pour l'autre de ces plantes; car le millet est devenu une des principales richesses de l'Allemagne, et il croît vers le nord beaucoup au-delà des limites que ne peut dépasser la vigne, puisqu'on le cultive avec succès au-delà du 53e degré de latitude.

Le millet ne refuse aucune terre, il croît même dans des terrains tellement arides qu'aucune autre espèce de céréale ne pourrait y venir; aussi il supporte avec constance la plus grande sécheresse, et on a remarqué qu'en 1811, où, en Allemagne, la sécheresse fit périr un grand nombre de plantes et même des céréales, le millet résista à la chaleur extraordinaire de cette année; cependant le millet n'en demande pas moins, pour croître dans toute sa force végétative, une terre franche et profonde : un fonds noir, chargé d'humus, lui donne une croissance et une abondance de grains extraordinaire.

Il est bon de préparer pendant l'hiver la terre qu'on destine au millet; plus la terre est ameublie, mieux il germe et se développe promptement. Il ne faut pas craindre l'excès de l'engrais, car la paille en étant dure et forte, il n'y a pas à craindre qu'il verse; on sème aussitôt que les gelées sont passées, mais il faut qu'elles le soient car le millet les craint beaucoup.

Le millet pousse une forte tige et s'étend beaucoup par les nombreux rameaux qui sortent du même pied, c'est pourquoi il ne faut pas le semer trop dru; lorsque la jeune plante a acquis trois feuilles, on lui donne un binage en espaçant les pieds de sept à huit pouces; à la place du binage on peut le herser fortement, et il ne faut pas craindre que la herse en arrache, il en reste toujours assez, et les brins qui ne sont qu'à moitié sortis de terre, reprennent bientôt racine et poussent avec une nouvelle vigueur; on peut en repiquer où il en manque, il reprend avec la plus grande facilité.

Un inconvénient du millet, c'est que tous les brins ne mûrissent pas en même temps : c'est pourquoi il faut en faire la récolte à deux ou trois fois; comme il s'égrène facilement, on commence par couper les épis qui se montrent bruns ou jaunes, qu'on met à mesure dans un sac attaché en sautoir sur les épaules, et quand on a répété deux ou trois fois ce travail facile, on moissonne le tout avec la faucille, et on le lie en gerbe pour le battre comme le blé.

La paille de millet est une excellente nourriture pour les bestiaux par la moëlle sucrée qui en forme l'intérieur; mais il faut la leur donner hachée et mêlée avec un peu d'avoine, de son ou des racines coupées, car elle est si dure que donnée dans son entier les animaux ne pourraient pas la broyer.

On peut aussi tirer du millet un excellent fourrage; la semence est de peu de valeur quoiqu'on le sème plus dru que pour le laisser mûrir, et comme cette plante résiste à la sécheresse, on est heureux d'y recourir dans le fort de l'été, lorsque la chaleur est venue dessécher les autres plantes et priver les animaux d'une verdure rafraîchissante et d'autant plus précieuse alors, que la chaleur l'a rendue plus rare.

Le grain du millet mêlé avec du son est un des aliments les plus nutritifs pour tous les animaux, mais il n'est rien au-dessus de cet aliment pour élever des poulets.

On a comparé souvent le revenu que peut donner un champ de millet avec celui que donne un champ de froment, et, toutes choses égales, le millet l'emporte toujours sur le froment.

§ IV. DE LA POMME DE TERRE.

Nous voilà arrivé à la plante par excellence, à la plante vraiment providentielle; avec la culture de ce précieux tubercule, à la fois l'aliment de l'homme et des animaux, ont disparu pour toujours de dessus la face de la terre, la cruelle famine et les autres fléaux qu'elle traîne à sa suite; avec la pomme de terre la disette même n'est plus à craindre. La pomme de terre seule, par ses nombreuses applications à l'économie domestique, a doublé le bien-être matériel de l'homme, et elle est appelée, par l'étendue de sa culture et la généralité de ses usages, à le doubler encore. La pomme de terre est au-dessus de tous les éloges qu'on en a faits et de tous ceux qu'on en peut faire; c'est pourquoi nous nous bornerons à rapporter succinctement les propriétés que MM. Payen et Chevalier lui ont reconnues.

1° Ses fanes se consomment avantageusement par les bêtes à cornes et à laine.

2° Elles se brûlent pour en composer de la potasse.

3° Seules ou mélangées avec d'autres végétaux, elles forment des nitrières artificielles.

4° Les pommes de terre sont pour l'homme un des meilleurs aliments, cuites sous la cendre, à la vapeur ou à l'eau.

5° On en fait de bon pain, mélangées avec un tiers de farine de blé.

6° On peut en faire des potages de toute espèce, de la polenta, et elles se mangent frites, en ragoût, en salade, etc.

7° On en tire de la farine avec laquelle on fait toutes sortes de pâtisseries et de soufflés.

8° On les convertit en fécule, en amidon, même lorsqu'elles sont gelées.

9° On en fabrique de l'alcool en eaux-de-vie ou esprits.

10° On en fait des confitures et des conserves.

11° On en fabrique du vermicelle, une espèce de riz et de topica.

12° On peut les mélanger, ainsi que cela se pratique en Allemagne et en Angleterre, au beurre et au fromage.

13° On les mêle aux graisses destinées aux machines.

14° On en fabrique de la colle et de l'empois.

15° En les mêlant au plâtre, elles lui donnent plus de consistance et de solidité.

16° Elles servent de nourriture aux chevaux et elles engraissent les bœufs, les moutons, les porcs et toute espèce de volaille.

17° Elles font obtenir des vaches et des chèvres une plus grande abondance de lait.

18° Moulue et torréfiée, la pomme de terre peut remplacer le café.

19° Coupée par quartiers et placée dans les chaudières des fabriques, elle a la précieuse propriété d'empêcher le tartre d'y adhérer.

20° On en forme un très-bon enduit pour le badigeonnage des bâtiments, et par l'addition du noir de fumée et autres couleurs on en tire une belle peinture en détrempe.

21° Bouillie et écrasée, on l'emploie au blanchissage du linge et des tissus, ainsi qu'à leur encollage.

22° L'eau qui sort de la pomme de terre par la pression favorise toute espèce de végétation.

23° Sa fécule avec l'acide sulfurique se convertit en sirop.

24° L'on peut retirer de ce sirop une matière sucrée analogue à la cassonade.

25° Avec du noir animal ce sirop offre un beau cirage de chaussure.

26° On peut cultiver cette plante dans les souterrains ; cette ressource eût sauvé *Missolonghi*.

27° L'eau que renferme ce tubercule s'emploie pour la teinture en gris.

28° La fleur de cette plante fournit un beau jaune.

29° Son eau nettoie les étoffes de coton, de laine et de soie.

30° La même eau concourt à fabriquer la soude artificielle.

31° Le scorbut se guérit en mangeant des pommes de terre.

32° Les résidus de fécule se convertissent en briquettes, mélangés avec du poussier de charbon.

Cette longue nomenclature, qui s'augmentera encore par la suite, fait de la pomme de terre le produit le plus précieux de la nature; et si l'homme était réduit à choisir la seule plante qu'il lui serait permis de cultiver pour en tirer sa subsistance, il lui devrait la préférence sur toutes les autres : car, outre ses nombreuses et riches propriétés, elle est encore la seule qui n'ait rien à craindre de la grêle et des autres fléaux de la nature.

Nous ajouterons à ces observations de l'un de nos meilleurs économistes, que l'on peut conserver très-aisément des pommes de terre une année entière, sans qu'elles perdent rien de leur propriété nutritive; le procédé consiste à tenir sur le feu une chaudière d'eau bouillante et à y plonger des pommes de terre tenues dans un panier; on les y laisse environ deux minutes et on les porte ensuite au grenier; les pommes de terre ainsi passées à l'eau bouillante ne germent plus, ne se détériorent plus et n'en sont pas moins bonnes pour la nourriture des animaux et pour tous les usages de la vie humaine.

CHAPITRE VII.

DE LA CONSERVATION DES RÉCOLTES.

Nous aurions peut-être dû parler ici des maladies des céréales à l'état de plantes, mais comme l'on n'est pas encore bien d'accord sur les causes de ces maladies, qui sont l'*étiolement*, la *jaunisse*, la *coulure*, la *nielle* ou la *rouille*, l'*échaudage*, nos réflexions ne porteront que sur une seule, la *carie* ou le *charbon*; cette dernière, qui est particulière au froment, est quelquefois suivie des effets les plus désastreux.

La *carie* du blé porte divers noms vulgaires tels que le *charbon*, la *brouille*, la *brouine*, la *moucheture*, la *neuble*, la *cloque*, la *foudrée*, la *clabousse*, etc.; la véritable cause de cette maladie est peu connue ou plutôt elle n'est encore qu'à l'état d'hypothèse.

Ses caractères se montrent aussitôt que le blé est épié; l'épi qui en est atteint est ordinairement plus court et plus flasque que les autres, d'un vert plus sombre, et les épiets en sont plus écartés; quelquefois il n'y a qu'une partie de l'épi attaquée de la maladie, le reste porte des grains bien nourris et dans leur état normal; l'épi carié ne fleurit point, il ne porte que de petits grains courts, pleins d'une poussière noirâtre, puante et nauséabonde; lorsque la capsule qui renferme cette poussière crève, par le battage ou autrement, elle s'évapore, s'étend sur tout ce qui s'approche; elle s'attache aux autres grains, les noircit surtout par le bout garni d'une barbe très-fine et leur fait porter dans le commerce le nom de *blé moucheté*. Non-seulement la carie du blé est une grande perte par la grande quantité de grain qu'elle enlève aux récoltes, mais aussi par la valeur qu'elle fait perdre à la partie saine qui en est entachée.

Cette maladie est d'autant plus redoutable qu'elle est réellement pestilentielle et qu'il suffit du moindre atome de sa poussière, extrêmement tenue, pour porter le germe de la maladie sur le grain où il se fixe. Les Anglais ont fait là-dessus beaucoup d'expériences, et toujours le moindre contact de la poussière du blé carié a communiqué la maladie au grain qui en était atteint.

On a cru long-temps et on croit encore que l'épuisement des terres, les mauvais labours, l'ensemencement pendant la pluie, les brouillards et les autres intempéries de l'atmosphère, suffisaient pour produire la carie; c'est une erreur : ces causes peuvent bien favoriser le développement du germe, mais il faut que ce germe soit préexistant, il faut que le grain le porte avec lui, pour que la maladie se déclare et produise son effet.

Cette maladie du blé n'est plus aussi redoutable qu'elle l'a été, parce qu'on connaît aujourd'hui un remède certain contre ses ravages; ce remède, c'est le *chaulage*, mais le chaulage par l'immersion de la semence dans un mélange de chaux éteinte et de sel marin en dissolution ; les Anglais qui le pratiquent de cette manière n'ont presque plus de carie dans leurs champs.

Interrogez nos laboureurs français; presque tous vous diront : « J'ai chaulé ma semence » avec beaucoup de soin et néanmoins mes » blés sont pleins d'épis cariés, j'ai sur ma » récolte une perte d'un dixième, d'un sixiè- » me, etc. » Vous avez chaulé votre semence, dites-vous? Moi je vous dis que vous ne l'avez point chaulée; vous lui avez bien donné un semblant de chaulage, mais ce chaulage n'ayant point été réel n'a pu produire l'effet que vous en attendiez ; vous avez bien pu, peut être, mêler de la poussière de chaux vive dans votre semence ou bien vous en avez arrosé le tas avec de l'eau dans laquelle vous avez éteint de la chaux, et, par l'un ou l'autre de ces procédés, vous croyez avoir chaulé votre semence? Eh bien! détrompez vous, votre semence n'a point été chaulée; pour qu'elle l'eût été, il eût fallu que tous les grains qui la composent, sans exception, eussent été imprégnés, entièrement imprégnés des sels que contient la chaux, ce qui n'a pu avoir lieu par la méthode que vous avez suivie; je vais vous en indiquer une plus sûre : en la suivant, vous pourrez vous servir de quelle semence il vous plaira, même du blé infecté de la poussière de la carie; vous pouvez être certain que l'année suivante vous ne verrez pas un seul épi carié dans votre semence. Voici cette méthode :

Vous placerez dans un cuvier autant de kilogrammes de sel de cuisine que vous voulez chauler d'hectolitres de semence, et deux fois aussi pesant de chaux vive; vous ferez dissoudre le tout dans une suffisante quantité d'eau pour que ce liquide acquière la consistance du lait; vous jetterez ensuite votre semence dans le cuvier en sorte qu'elle soit complètement immergée; vous enleverez avec un crible ou une écumoire tous les grains qui surnagent, parce qu'ils sont trop légers pour être semés; vous laisserez votre semence quatre heures dans le cuvier en ayant soin de la remuer de temps en temps; vous l'en retirerez et la laisserez encore plusieurs heures en tas et jusqu'à ce que vous vous aperceviez qu'il s'en dégage une trop forte chaleur : alors il faut remuer le tas et le pelleter à diverses reprises, pour l'empêcher de trop s'échauffer; vous pouvez ajouter au liquide du cuvier une quantité suffisante de sel, de chaux et d'eau pour en chauler encore autant, et continuer ainsi tant qu'il y a de la semence; cependant il faut bien se garder d'en chauler trop à la fois, il vaut mieux recommencer la même opération tous les deux ou trois jours.

On nous dira peut-être ici que cette méthode peut être efficace, mais qu'elle est trop minutieuse et qu'elle demande trop de dépense, de soin et de travail; nous répondrons que le cultivateur doit être convaincu d'avance que, dans sa profession plus que dans aucune autre, on n'obtient rien sans soin ni sans travail, et qu'une légère dépense lui profite quelquefois au centuple; tel sera le résultat de la peine et de la dépense qu'occasionnera la méthode que nous indiquons.

Il y a dans cette méthode un double avantage bien sensible, pour le grain qu'elle garantit de toute contagion, de toute carie, et pour le semeur qu'elle garantit aussi de l'inflammation si dangereuse des yeux et de la poitrine, causée par la poussière de la chaux. Le sel, tenu en dissolution sur le grain, ne permet plus à la chaux de se dessécher et de s'échapper en poussière, et le grain en reste constamment couvert, même après être enfoui, et l'homme n'a plus à respirer la même poussière.

Un autre soin que prendra le cultivateur éclairé et vigilant, c'est de renouveler et de changer souvent ses semences, non pour se préserver de la carie, mais pour obvier à la dégénérescence dont les blés, plus que toute autre graminée, sont sujets; non-seulement il est bon de tirer sa semence d'un pays étranger à celui que l'on habite, mais il faut encore qu'elle provienne d'un sol différent de celui que l'on cultive. J'ai connu un très-bon cultivateur s'arranger de manière à ce que la semence qu'il confiait à une terre forte, provînt d'une terre légère, et que celle qu'il enfouissait dans un terrain calcaire ou sablonneux fût sortie d'un terrain argileux ou limoneux, et cette alternative avait toujours un bon résultat.

On n'est pas encore bien d'accord en agronomie sur la meilleure manière de récolter les grains; les uns veulent que l'on commence la moisson de bonne heure et lorsque le grain est encore mou et pâteux, d'autres ne veulent qu'on y porte la faucille que lorsque le grain est dur et sec; nous sommes de l'avis de ces derniers, relativement au seigle et à l'orge, dont le grain se ride et reste léger si la moisson en est trop précoce; mais de nombreuses expériences nous ont convaincus que les premiers ont raison au sujet de l'avoine et du froment: à l'exception de la partie que l'on destine à l'ensemencement qui doit être moissonnée dans son état complet de maturité, il y a double avantage à commencer de bonne heure la moisson de l'avoine et du froment; si l'on attend que l'avoine soit complétement mûre, le moindre vent qui survient la fait égrener, et l'on peut éprouver une perte notable: d'ailleurs il est prouvé que le grain de l'avoine acquiert du poids et de la qualité lorsqu'elle reste quelque temps en javelles; quant au froment, il est mieux prouvé encore qu'il acquiert du poids et de la qualité, étant coupé avant sa complète maturité : l'écorce en demeure plus mince, plus luisante, et la farine en est plus blanche et plus fine, et le grain profite en javelles et surtout en meule. M. Cadet-de-Vaux assure que du blé coupé encore un peu vert pèse, par hectolitre, cinq kilogrammes de plus que l'autre, et donne deux onces de pain en plus par kilogramme; l'avantage s'étend aussi à la paille, car la paille du blé moissonné avant sa complète maturité, est bien plus douce, plus appétissante et plus nutritive ; d'ailleurs il y a toujours avantage à mettre le plus tôt possible les récoltes à l'abri de la grêle et des autres intempéries de la nature.

Le plus ancien instrument employé à la moisson des céréales, c'est la *faucille;* mais ce n'est pas toujours le plus avantageux. Dans beaucoup de localités on l'a remplacé d'une manière très-avantageuse par la *faux arçonnée* ou par la *faucherette* et le *crochet* du sapeur flamand ; cette dernière, quand elle est bien manœuvrée, est même supérieure à la faux arçonnée, dans les blés mêlés et versés, que, à l'aide du crochet qui lui sert d'auxiliaire, elle coupe et rassemble en javelle avec une rectitude merveilleuse; l'usage de l'une et de l'autre est beaucoup plus profitable que l'ancien usage de la faucille. Au moyen de la faux arçonnée ou de la faucherette flamande, on fait le double d'ouvrage, et le moissonneur n'est plus exténué par une posture constamment anormale ; de plus, on récolte un quart de paille de plus, qu'y laisse la faucille, ce qui, fournissant le moyen d'augmenter d'autant la quantité des engrais, est une nouvelle source de richesse pour l'avenir. L'usage de la faux pour la moisson des céréales, beaucoup plus expéditif, beaucoup plus avantageux sous plusieurs rapports, finira, il faut l'espérer, par faire renoncer à la culture en billon, partout où la nature du sol le permet, et deviendra, par ses heureuses innovations, un des meilleurs moyens de porter l'agriculture à sa perfection.

Cependant elle a beaucoup à désirer et à faire, cette agriculture, pour la conservation de ses récoltes ; et ce qui étonne quand on la considère dans ses détails, c'est le peu de soin que l'on prend pour en conserver les produits. On devrait penser néanmoins que lorsque la moisson est faite, qu'une récolte est rentrée, c'est une richesse certaine, assurée ; qu'il n'y a plus à craindre pour elle les ravages de la grêle, des vents et de la pluie, et selon le vieux proverbe : *un tu tiens, vaut mieux que deux tu auras ;* on la tient cette précieuse récolte, on ne peut donc prendre trop de précautions pour la conserver et pour en jouir. Toutefois que d'incurie, que de négligence pour la conservation d'une richesse si essentielle à tous les genres de bien-être !

Après la moisson on engrange les récoltes, on les met en meules, pour en extraire le grain dans un autre temps où le travail des champs sera suspendu ; mais que d'inconvénients et de perte dans cet usage ! si les récoltes sont engrangées ou mises en meules sans être bien sèches, elles se moisissent, s'échauffent, fermentent, se détériorent; d'un autre côté, les rats, les souris, les insectes, tous les animaux qui peuvent en faire leur pâture, et les espèces en sont nombreuses, se jettent dessus avec voracité et en consomment ou en détériorent une grande partie. Quelle perte énorme pour l'agriculture ou plutôt pour une nation toute entière, dont les récoltes sont la richesse fondamentale, ou plutôt la seule richesse réelle, puisque sans elle toutes les autres sont sans prix!

Il y a plusieurs modes d'extraire le grain de la paille, presque tous sont défectueux. Le battage au fléau, si épuisant pour l'homme qui le pratique, si dispendieux pour les fermiers qui sont forcés d'y avoir recours, quelle perte ne fait-il pas éprouver, par l'énorme quantité de grains qu'il laisse dans la paille? Il faut repasser de la paille qui a déjà été battue pour s'en rendre compte; la paille elle-même en éprouve une perte notable de la part des rats et des souris qui la coupent et la rougent pour avoir le grain qu'elle renferme. Le battage au fléau en plein air, où l'orage et la pluie surprennent souvent les batteurs, et pendant un automne pluvieux, ce qui arrive une année sur trois, et où il faut payer des ouvriers sans qu'ils rendent d'ouvrage, tous ces inconvénients portent les frais du battage au fléau à une moyenne de 1 fr. 25 c. l'hectolitre; et si on mettait en ligne de compte le grain qui périt par l'intempérie, celui qui est dévoré par les animaux et par les insectes, et enfin celui qui demeure dans la paille, cette perte en triplerait la dépense.

Le dépiquage, soit par le piétinement des chevaux, soit par les herses et les rouleaux qu'on leur fait traîner, est encore un mode plus défectueux que le battage au fléau, car les pertes qu'il occasionne portent à la fois sur la paille et sur le grain; les seuls frais d'extraction par le dépiquage coûtent, selon M. de Gasparin, une moyenne de 2 fr. l'hectolitre.

Reste l'égrenage au moyen des machines; les nombreux avantages qui sont le résultat de ce mode d'extraction, ne sont encore que faiblement sentis; il y a même beaucoup de contrées où le mode lui-même est complétement inconnu: c'est un malheur, car avec une machine à battre, on peut commencer l'extraction des grains dès que la première voiture de gerbes est arrivée à la ferme, et continuer tous les jours jusqu'à ce que le tout soit battu; et la durée du battage dans un grand nombre d'exploitations ne sera pas de plus de deux mois.

Ce n'est pas dans l'économie des frais de battage que se trouve le plus grand avantage des machines; c'est, comme l'a très-bien observé la Société d'encouragement, dans la quantité de grain qu'elles retirent de la paille, en plus que le fléau; la valeur de cette quantité de grain que le fléau laisse dans la paille, suffit, dans beaucoup d'exploitations, pour acquitter, dès la première année, le prix de la machine et les frais de premier établissement.

Il est vrai que le prix de la machine *écossaise*, la plus expéditive de toutes celles qui ont été inventées jusqu'à ce jour, est trop élevé pour que le plus grand nombre des cultivateurs puissent en faire l'acquisition; mais il faut espérer que l'on finira par inventer une autre machine aussi avantageuse et beaucoup moins chère; cette machine existe, mais comme son auteur veut la conduire au plus haut point de perfection dont il la juge susceptible, nous ne pouvons pas en parler (1).

Pour sentir combien sont avantageuses les machines à battre, il faut lire l'ouvrage de Sir John Sinclair, sur les améliorations de l'agriculture en Angleterre : il évalue les bénéfices que donne la machine écossaise, généralement adoptée dans les trois royaumes unis, comparativement au battage au fléau, à 186 millions 400 mille francs. L'adoption de cette machine en France, ou de toute autre semblable, porterait ces mêmes bénéfices à plus de 200 millions par année.

Somme toute, il est prouvé que par le dépiquage et le battage au fléau il demeure un vingtième du grain dans la paille; il s'en perd un autre vingtième par la carie, le défaut de

(1) C'est une machine à bras, qu'un homme, sans se fatiguer, met en mouvement, et qu'une femme et un enfant peuvent servir. Elle bat 5 à 6 hectolitres de blé par jour en hiver, et beaucoup plus en été et en plein-air. Ne tenant pas plus de place qu'un tarare vanneur, on la transporte partout où l'on veut battre, dans une chambre, comme dans une grange et dans une aire. Elle est brevetée d'invention, et se vend de 50 à 60 fr.

soin dans la rentrée des récoltes et les intempéries au moment du battage; les rats, les souris et les insectes en dévorent chaque année deux vingtièmes. Ainsi, ce qui périt des récoltes, même venues à bien, et par conséquent ce qu'il serait possible de conserver, suffirait pour nourrir un cinquième de la population de la France. Quelle perte immense que celle d'une richesse acquise par tant de sueur, que l'on tient en sa possession et que l'on pourrait conserver! C'est à rechercher les moyens de conserver ce qui se perd de cette richesse des richesses, perte qui, si elle était évitée, augmenterait d'une manière progressive le bien-être et la puissance de la nation entière, que le gouvernement devrait tourner ses vues philantropiques; c'est pour arriver à un but qui ferait sa force et sa gloire, qu'il devrait prodiguer les primes et les récompenses.

La conservation des grains, cette richesse fondamentale de toutes les autres richesses, a fait de tout temps la sollicitude des économistes; c'est surtout contre les ravages des insectes, tels que le *charançon* et l'*allucite* ou papillon des blés, que l'on s'est évertué à chercher un moyen préservateur. Depuis des milliers d'années on s'est efforcé d'en détruire la race, de soustraire à leur voracité ces premiers biens de la vie humaine : pour cet effet on a inventé les *silos*, les *serres aérées*, les *greniers à compartiments*, les *ventilateurs*, les *trémies mobiles* et une foule d'autres instruments empruntés à la mécanique; on a ensuite eu recours à l'art chimique, on a employé, tour à-tour, les *alcalins*, les *acides*, les *essences*, les *fumigations* et mille autres moyens : tout cela n'a été qu'un faible palliatif, une légère atténuation du mal, mais qui n'a pu en arrêter le cours. Eh bien, le remède est trouvé, sinon pour en détruire la cause, du moins pour en arrêter l'effet ; ce remède est simple et à la portée de tout le monde, et l'expérience vient en confirmer chaque jour l'efficacité ; le voici :

Faites battre votre récolte aussitôt que la moisson est terminée, séparez votre grain de la balle qui lui a servi d'enveloppe ; mais au lieu de jeter avec mépris cette précieuse balle, conservez-la avec soin ; nettoyez-la des pailles, de la poussière et des autres corps étrangers qui s'y trouveraient mêlés ; faites-en sur le plancher de votre grenier un lit d'un pied d'épaisseur que vous tasserez bien, et vous placerez dessus votre blé bien vanné et bien séché ; faites-en un tas de cinquante et même de cent hectolitres si vous les avez ; couvrez ensuite entièrement votre tas de blé de la même balle sur laquelle il repose, en sorte qu'il y en ait partout un pied et demi à deux pieds d'épaisseur. Pour empêcher que le vent ou d'autres agents ne viennent éparpiller cette balle, vous la couvrirez de toile grossière, de planches, de lattes ou autre chose qui puisse conserver votre dépôt tel que vous l'avez arrangé. Vous pouvez laisser votre blé dans cet état un an, deux ans et même plusieurs années, et lorsque vous voudrez en disposer, pour votre service ou pour le vendre, vous le trouverez parfaitement conservé et absolument tel que vous l'y aurez mis; ni le charançon, ni l'allucite, ni aucun autre insecte, ni même les rats et les souris, n'y auront touché; les rats et les souris, pas plus que les insectes, ne s'aventurent pas dans de la balle; nous en appelons, à cet égard, aux cultivateurs du Poitou et de la Saintonge, qui, au lieu de jeter dans la rue une denrée aussi précieuse que la balle de blé, la conservent soigneusement dans un coin de la grange, pour en nourrir les bestiaux pendant l'hiver; cette balle renferme du grain et même beaucoup de grain : eh bien, ce grain s'y conserve intact, les rats et les souris qui rongent la paille et traversent en tous sens les barges pour en atteindre le grain, se gardent bien de toucher à celui que renferme de la balle.

On nous objectera peut-être qu'il y a un grand inconvénient à remettre du grain bien vanné et bien nettoyé dans de la balle, puisqu'on est dans la nécessité de le vanner et de le nettoyer une seconde fois, lorsqu'il faudra s'en servir; belle peine et belle dépense que celle-là! Que faudra-t-il pour cela? Deux journées d'homme au moyen d'un tarare et d'un cylindre cribleur; car il n'y aura que la partie extérieure du tas, qui, ayant été touchée par la balle, aura eu besoin d'être revannée, et la dépense est donc au plus de 3 fr. pour la conservation de cent hectolitres de blé, pendant deux ou trois ans. Eh bien, suivez la vieille routine, il vous faudra dépenser 30 à 40 fr. pour faire pelleter votre blé, le changer de place et le remuer sans cesse, et encore tout cela ne l'aura pas garanti des souris et des insectes;

au bout de deux ans, malgré votre dépense, votre tas de blé aura diminué, une partie sera rongée et détériorée, et vous aurez perdu peut-être une valeur de quelques centaines de francs; comparez maintenant une dépense de quelques francs avec une perte réelle de quelques centaines de francs, et choisissez.

On objectera peut-être encore que tous les cultivateurs n'ont pas à leur disposition un tarare et un cylindre cribleur pour nettoyer du blé tenu constamment dans de la balle; nous répondrons que tout cultivateur qui n'a pas dans son grenier un tarare et un cylindre cribleur ne mérite pas le nom de cultivateur; il en est d'un tel cultivateur comme d'un menuisier qui n'aurait pour exercer sa profession qu'une serpe ou une cognée; tout homme qui ne possède pas les outils et les instruments essentiels à sa profession, ne peut l'exercer ni avec profit ni avec honneur.

On vient de découvrir en Flandre un nouveau moyen de se préserver du charançon : c'est de couvrir son blé de feuilles de tabac. Un cultivateur ayant jeté sur un tas de blé que rongeaient des charançons, quelques feuilles de tabac afin qu'elles se séchassent pour son usage, s'aperçut quelques jours après que les charançons avaient déserté, non-seulement son tas de blé, mais aussi son grenier; il a continué les années suivantes à couvrir son blé de feuilles de tabac, et l'odeur de cette plante a délivré de la vermine son grenier et sa maison; pourrait on en France avoir recours à ce moyen de préservation? Il serait très à craindre que la régie ne s'y opposât et ne verbalisât contre celui qui, dans ce but, planterait quelques pieds de tabac dans son jardin.

CHAPITRE VIII.

DES ANIMAUX DOMESTIQUES EMPLOYÉS DANS L'AGRICULTURE.

De tous les pays de l'Europe, la France est celui qui est le moins riche en chevaux et en bestiaux, eu égard à sa population et à l'étendue de son industrie agricole, et c'est peut-être là un des plus grands obstacles aux progrès de son agriculture. Pour que cette agriculture puisse s'élever à l'état prospère dont elle est capable, il faut deux choses : qu'elle fasse en bestiaux plus d'élèves qu'elle n'en a fait jusqu'aujourd'hui, et qu'elle en améliore les races.

La pénurie qu'elle éprouve encore d'une quantité de bestiaux analogue à sa population et à l'importance de son agriculture, tient à son vieux système d'assolement, et à la routine de faire pacager ses bestiaux, au lieu de les nourrir à l'étable ; si son vieux système de culture était changé et qu'elle admît, partout où cela est possible, l'alternance des céréales et des plantes fourragères et qu'il n'y eût de jachères que pour produire des plantes racines et d'autres plantes sarclées, elle recueillerait le double de nourriture, au moyen de laquelle elle pourrait doubler le nombre de ses bestiaux, sans diminuer en rien la quantité ordinaire de ses céréales ; en doublant, par ce système de culture alterne, le nombre de ses bestiaux, elle ferait le double d'engrais et de meilleurs engrais ; et ces engrais doubleraient bientôt la puissance productive de ses terres ; alors tous les genres de produits se multipliant les uns par les autres, lui assureraient dans l'avenir une prospérité incalculable.

Si ses bestiaux étaient plus nombreux et mieux nourris, par l'usage de les tenir à l'étable, ils seraient plus forts et il y aurait moins de travail à exiger de chacun : alors les travaux se feraient mieux et les animaux subiraient moins de fatigue, et il y aurait de toute manière progrès et profit.

Est-il plus avantageux en agriculture d'y employer des chevaux ou d'en soumettre les travaux à l'action des bœufs ? La question est encore indécise pour beaucoup d'agriculteurs, elle ne l'est point pour nous ; nous pensons qu'il y a plus de profit à y employer les bœufs que les chevaux. Il est vrai de dire que dans le mode qu'on appelle la grande culture, les chevaux peuvent fournir plus de bénéfices en ce que, à nombre égal d'individus, ils peuvent fournir une plus forte somme de travail : le cheval est plus vif, plus actif, répond mieux à la voix de l'homme, est plus preste et plus adroit à la charrue et surtout à la charrette ; mais si le bœuf est inférieur au cheval sous ces divers rapports, il lui est bien supérieur sous beaucoup d'autres : le bœuf est doué d'une patience à toute épreuve; tandis que le cheval, au moindre obstacle, se rebutte, le bœuf obéira dix fois, vingt fois, avec la même fidélité, à la volonté de son maître ; si le bœuf est plus lent que le cheval, il est plus infatigable ; il faut que le cheval soit soutenu par une nourriture substantielle, tonique; l'entretien du bœuf est beaucoup moins dispendieux, il se contentera d'une nourriture plus grossière, sans perdre de sa force ni de son embonpoint; mais c'est dans la dernière fin de ces deux animaux que le bœuf l'emporte sur le cheval. Lorsque le cheval commence à vieillir, sa valeur diminue progressivement, et par sa mort il tombe en pure perte; la fin du cheval, quelle qu'en soit la cause, est toujours pour son maître une perte sans compensation ; le bœuf au contraire augmente de valeur jusque sous le couteau du boucher : après le service qu'il a rendu par son travail, on engraisse le bœuf, et cet engraissement vient couronner, par un bénéfice certain, tous les autres profits qu'en a tirés son maître. Il y aurait encore à faire valoir en faveur du bœuf plusieurs autres avantages que nous aurions pu faire surgir de cette comparaison; nous nous en tiendrons au récit suivant.

M. de Dombasle nous apprend que Georges III, roi d'Angleterre, qui aimait beaucoup l'agriculture, fit dans une de ses fermes, dont il dirigeait lui-même la culture, l'essai comparatif des chevaux et des bœufs; ce prince laboureur trouva, dans l'emploi des bœufs nécessaires à son exploitation, substitué à l'emploi des chevaux, une économie annuelle de 12,300 fr.

En général, un état gagne beaucoup, lorsque son agriculture emploie des bœufs à ses travaux, parce qu'il peut mieux et à moins de frais monter une nombreuse cavalerie, et que les bêtes à cornes fournissent aux habitants des villes une masse considérable de viande, aliment précieux qui ne peut exister par l'usage des chevaux.

Nous sommes donc bien convaincu que si l'agriculture remplaçait partout ses chevaux de trait par des bœufs, elle y gagnerait, puisque, avec ce que consomment ses chevaux, elle élèverait et nourrirait presque le double de bêtes bovines, et les villes y gagneraient plus encore par l'abaissement du prix de la viande, mise à la portée de toutes les classes laborieuses; laissons donc les chevaux à la remonte de notre cavalerie, aux divers genres de roulage, aux voitures publiques et de luxe, et que l'agriculture pour son avantage propre, autant que pour celui de l'état, élève, nourrisse et engraisse beaucoup de bêtes bovines. Le gouvernement, par la voie des comices agricoles, accorde chaque année des prix d'encouragement aux plus beaux individus des races chevaline, bovine et ovine, ce qui peut être assez profitable pour l'amélioration des races; mais ne serait-il pas beaucoup plus profitable encore, et non moins juste, de récompenser les cultivateurs qui, avec le moins de ressources naturelles, ont élevé et engraissé le plus de bestiaux, puisqu'ils ont contribué doublement aux progrès de l'agriculture, et par la masse d'engrais qu'ils en ont tiré, et par la masse de viande qu'ils ont pu livrer à la consommation; ces récompenses, en portant l'émulation où n'existent encore que l'insouciance et la routine, seraient peut-être le meilleur moyen d'augmenter en France le nombre des bestiaux.

Quant à l'application des bœufs à tous les genres de travail agricole, nous pensons que ce travail serait bien plus profitable, si ces précieux animaux étaient mieux enharnachés qu'ils ne le sont communément; il n'en est pas de même du cheval, sa conformation et le moyen d'en tirer toute la force dont il est capable, ont été beaucoup mieux entendus et mieux saisis: la plus grande force que le cheval peut produire se converge dans son garot et dans son poitrail; or, le collier qui l'enserre, très-bien appliqué à sa forme et à sa position la plus avantageuse, lui permet de déployer toute la force dont l'a doué la nature; a-t-on tiré du bœuf un aussi bon parti, par les divers modes d'enharnachement et d'attelage auxquels on l'a soumis? Non, sans doute; il fallait en étudier la forme, les dispositions naturelles, la partie de son corps par laquelle il produit la force dont il est doué, la situation dans laquelle il se place pour qu'elle ait le plus grand effet possible, et ce qui étonne, c'est qu'après des milliers d'années d'observations et d'expériences, on en soit encore réduit à demander si le bœuf doit être attelé, comme le cheval, par son poitrail au moyen d'un collier, ou par ses cornes au moyen du joug; nous répondrons, nous, que ce n'est ni par son poitrail, ni par ses cornes que le bœuf peut déployer sa plus grande force, mais par son front et toujours par son front. Cette question étant pour l'agriculture d'une haute importance; qu'il nous soit permis de pousser plus loin, à cet égard, la comparaison du bœuf et du cheval.

La force du bœuf résidant plus particulièrement dans son cou, gros, court, musculeux, va naturellement aboutir à son front; ce sont des dispositions absolument différentes dans le cheval dont le cou est allongé, s'élève en arc au-dessus de sa ligne dorsale, ce qui lui fait porter la tête haute et lui donne un port à la fois élégant et majestueux; le cou du bœuf, au contraire, suivant la ligne horizontale de son corps, lui fait porter la tête basse, et cette disposition prouve qu'à sa tête va aboutir sa plus grande puissance d'impulsion : le cheval porte un lourd fardeau sur ses reins; le bœuf, naturellement faible des reins, ne le peut pas; mais par contre il peut porter sur son cou un fardeau six fois plus pesant que celui qu'il supporterait sur son dos. La conformation du poitrail du cheval, large et saillant, prouve que là est le siége de sa force, et il a été facile d'y adapter le collier; la conformation du poitrail étroit et coupant du bœuf, prouve absolument le contraire, et la difformité du thorax, la peau lâche et pendante de sa gorge, sont des obstacles presque insurmontables pour pouvoir y adapter le collier du cheval. Mais laissez les animaux à toute leur liberté, et par leur position et leurs mouvements la nature se révélera d'elle-même et vous montrera le siége de leur force. Lancez deux jeunes chevaux l'un contre l'autre, vous les verrez bientôt entamer entre eux une lutte spontanée ; ils croiseront leur cou, appliqueront poitrail contre poitrail, et dans cette position, ils se pousseront, se cabreront et déploieront, pour se vaincre, toute la force dont ils sont doués; c'est donc par leur poitrail qu'ils ont exprimé leur plus grande force ; lancez de même dans l'arène deux jeunes bœufs, vous les verrez se mesurer de l'œil, s'approcher avec art, croiser leurs cornes, appliquer front contre front, et dans cette position, s'allonger, tendre le jarret, et déployer, en se poussant, une force qui vous étonnerait si vous pouviez en mesurer l'étendue. Cette lutte vous montre donc avec évidence que c'est dans son cou que se rassemblent toutes les forces du bœuf et que c'est à son front qu'elles vont aboutir comme à leur point de convergence ; ainsi, si c'est par son poitrail que le cheval déploie sa plus grande force, c'est par son front que le bœuf manifeste toute la sienne. Ce n'est donc pas par son poitrail qu'un bœuf veut être attelé, mais par sa tête ; ce n'est pas un collier qu'il lui faut, mais un joug. Reste à savoir quelle est la meilleure application de ce joug.

L'expérience prouve que les bœufs veulent être attelés par paire et toujours de front, le joug doit donc être double ; le joug doit être bien évidé et bien contourné pour entourer le dessus du cou de l'animal sans en gêner les mouvements, il doit aussi embrasser la moitié de la base des cornes par une emboîture; une forte longe de cuir doit ensuite l'attacher aux cornes, et, faisant un tour derrière le joug, elle doit venir lui ceindre fortement le front; c'est là l'essentiel pour que le bœuf puisse déployer toute sa force; pour cet effet, il faut que cette longe, à l'endroit où elle lui ceint le front, soit large et porte depuis les cornes jusqu'aux yeux, il faut de plus qu'elle soit assez longue pour faire sur ce même front deux ou trois tours, afin d'opposer aux efforts de l'animal la plus grande résistance possible. Ce qui prouve qu'il faut que le front du bœuf trouve constamment cette résistance, pour qu'il puisse tirer à son aise et avec avantage, c'est que lorsque la longe s'est desserrée, est devenue trop lâche sur son front et qu'il n'y a plus de résistance que par les cornes, on voit le pauvre animal allonger la tête pour retrouver cette résistance dont son front a un impérieux besoin, et sans laquelle, avec beaucoup plus de gêne et de fatigue, il ne peut déployer qu'une légère partie de sa force. Mon père, qui s'y connaissait, ne cessait de recommander à ses gens de n'être jamais paresseux à serrer sur le front de ses bœufs la longe qui les ceignait, lorsqu'elle s'était relâchée; moi-même, pendant les quelques années que j'ai été un des bouviers de mon père, je me suis convaincu cent et cent fois que lorsqu'un bœuf ne trouve pas une forte résistance dans la longe qui lui ceint le front, il ne tire que par ses cornes; alors il se fatigue extrêmement et ne peut plus donner qu'une moindre force ; aussi lorsque j'avais une butte à monter, un mauvais pas à franchir, lorsque j'avais à demander à mes bœufs un déploiement plus grand et plus soutenu de leurs forces, je les arrêtais, je leur ceignais fortement le front en mettant mon genou sur le muffle pour leur faire replier la tête sous le cou à mesure que je serrais la longe ; après cette légère précaution je lançais sans crainte mon attelage, je voyais mes bœufs s'allonger et déployer avec aisance, je dirai même avec courage, une force extraordinaire. J'ai vu d'autres charretiers aussi bien attelés que moi, mais qui n'avaient pas pris la même précaution, demeurer en chemin tandis que j'avais franchi tous les obstacles ; je le répète, c'est par son front qu'un bœuf déploie toute la force dont il est capable ; c'est pourquoi plus la longe qui lui ceint le front présentera de résistance, moins il se fatiguera et plus sa force sera grande et soutenue.

De toutes les contrées de la France que j'ai eu occasion de parcourir je me suis convaincu que la Saintonge et le Poitou sont celles où les bœufs sont le moins mal attelés.

CHAPITRE IX.

DE L'HYGIÈNE DES ANIMAUX DOMESTIQUES.

Celui qui a soin de son bétail a soin de sa bourse, dit un vieux proverbe. Le bétail est souvent toute la richesse du cultivateur, le seul fonds productif qu'il possède ; il y a en France des milliers de familles dont le bien-être repose tout entier sur les animaux, qui en partagent le travail, et qui seraient complétement ruinés si ces animaux venaient à périr : toute leur sollicitude doit donc tendre à la conservation de ces précieux animaux.

Le premier soin du cultivateur qui veut conserver son bétail et le faire jouir d'un bon état de santé, c'est d'entretenir le lieu d'habitation qu'il occupe dans une condition permanente de salubrité.

Tout le monde sait que la réunion de plusieurs êtres vivants dans un lieu clos, étroit et souvent peu aéré, en épuise bientôt l'air respirable et vital et donne lieu à des émanations animales qui se fixent sur les parois de ces habitations, les rendent malsaines et y laissent quelquefois le germe des maladies les plus désastreuses ; c'est ainsi que des gaz délétères, accumulés par la répétition journalière des mêmes émanations, y causent et y développent les *épizooties*, les *maladies pulmonaires*, les *typhus* et beaucoup d'autres maladies dont on n'aperçoit les symptômes que lorsqu'il n'est plus temps d'y remédier; deux moyens efficaces se présentent pour en éviter les funestes effets : empêcher la cause de naître, et travailler à la faire disparaître lorsqu'on a des raisons de la supposer.

Pour empêcher de naître la cause de la plupart des maladies que les animaux contractent dans les étables, c'est d'abord de tenir ces étables bien aérées par des fenêtres que l'on puisse ouvrir et fermer à volonté; il faut donc les ouvrir et les fermer, non-seulement tous les jours, mais plusieurs fois chaque jour, afin que l'air de ces étables change et se renouvelle de même.

Il faut ensuite tenir ces étables dans un état constant de propreté; qu'on le sache bien, la propreté n'est pas moins nécessaire à la santé des animaux qu'à celle de l'homme : il faut nétoyer souvent les étables des toiles d'araignées et des autres ordures qui les salissent et y retiennent les miasmes délétères; il faut aussi faire en sorte que le fumier n'y séjourne que le moins possible, y secouer les pailles, et en renouveler au moins deux fois par jour la litière.

Lorsque l'on a des raisons de suspecter la salubrité d'une étable, de craindre que les murailles, les cloisons, les rateliers, les mangeoires et tout ce qui y est à demeure, soit imprégné d'émanations animales délétères, qui pourraient causer aux animaux des maladies graves, il ne faut point attendre pour y remédier, ni hésiter à employer les moyens de les faire disparaître ; le meilleur de tous ces moyens, ou plutôt celui qui les vaut tous, c'est l'eau de *chlorure de chaux;* aucune mauvaise odeur, aucun miasme de corps en putréfaction, ne résiste à ce puissant moyen de désinfection ; cette solution si bienfaisante, qui neutralise à l'instant même toutes les émanations putrides, peut être préparée à toute heure et à tout moment par tout le monde, puisqu'elle ne consiste qu'à être jetée dans de l'eau ; elle est aussi à la portée de toutes les bourses, puisqu'un demi kilogramme ne coûte que 25 à 30 sous, et que dissous dans six seaux d'eau, il suffit pour désinfecter plusieurs étables.

J'ai connu un fermier qui n'a jamais fait de perte sur son bétail, autre que celle inévitable par les lois de la nature; il se riait de l'épizootie et des autres maladies contagieuses, et tous ses moyens de conservation étaient tout simplement de faire blanchir à la chaux ses étables, chaque année au printemps. Il faisait éteindre de la chaux vive dans de l'eau, et avec une brosse à longs poils il en faisait peindre les murailles, les cloisons, les planchers de toutes ses étables et de sa maison ; ses voisins, à son imitation, en font autant, et je puis affirmer que l'on ne voit plus dans le pays d'autres pertes sur les bestiaux que celles que les lois de la nature rendent inévitables.

Si des précautions si simples, si peu coûteuses, étaient pratiquées partout, que de pertes seraient évitées, que de causes de ruine auraient disparu! Si tant de cultivateurs, dont toute la richesse consiste dans les bestiaux qu'ils possèdent, se voient si souvent ruinés par des pertes si faciles à éviter, qu'ils ne s'en prennent donc qu'à leur impéritie et à leur négligence.

Les bêtes à laine ne demandent pas moins que le gros bétail d'être soignées et tenues proprement ; elles doivent être placées dans des étables bien aérées, car elles craignent beaucoup plus le chaud que le froid ; elles doivent y être promptement ramenées toutes les fois que la pluie et l'humidité les menacent. Il n'en est pas des bêtes à laine comme des bœufs et des chevaux qui, en se secouant, peuvent se délivrer de l'humidité qui les couvre : lorsque la toison d'un mouton est imbibée, l'humidité y demeure, le tient pendant long-temps dans un état de souffrance et lui cause quelquefois les maladies les plus graves ; on doit donc éviter avec soin d'exposer les bêtes à laine aux brouillards et même aux trop fortes rosées.

L'humidité est encore très-pernicieuse aux bêtes à laine lorsque l'herbe qu'elles paissent en est couverte. On a fait des recherches en Ecosse pour découvrir la cause des diverses maladies qui les affectent et surtout de celle connue sous le nom de *pourriture*, et on s'est convaincu que la pourriture des moutons provenait uniquement de l'humidité des herbages dans les mois de septembre et d'octobre; on s'en garantit aujourd'hui en les tenant à l'étable dans ces deux mois, jusqu'à ce que le soleil ait pompé l'humidité du matin, et en les ramenant le soir avant la chute de la rosée, à l'étable où on leur a préparé un peu de nourriture sèche et tonique.

Nous ne parlerons pas des diverses maladies qui peuvent affecter les animaux domestiques, parce qu'il n'appartient qu'à la science vétérinaire de les constater et d'y appliquer les remèdes convenables; d'ailleurs l'expérience n'a que trop démontré que ceux qui se sont initiés dans une science qu'on ne peut pratiquer avec succès qu'après de longues et sérieuses études, se sont trop souvent trompés et ont administré des remèdes qui, loin de guérir la maladie, l'ont empirée et ont enfin été suivis d'effets désastreux. Lorsque l'on voit son bétail malade, le mieux est d'appeler sur-le-champ un homme de l'art vétérinaire, et il vaut encore mieux payer une visite hasardée que de courir le risque de perdre son bien.

Cependant il est une maladie dont nous allons spécialement nous occuper parce qu'elle est instantanée et toujours accidentelle, c'est la *météorisation* des ruminants ou l'enflure des animaux qui ont trop mangé de sainfoin, de luzerne et surtout de trèfle vert; cet accident a presque toujours lieu par le pacage, si ces substances sont mangées à la rosée et pendant leur force de végétation. Il faut surveiller avec soin les animaux qui s'en nourrissent; et aussitôt qu'on s'aperçoit qu'ils commencent à enfler, il faut y remédier sur le champ si on ne veut pas s'exposer à les voir périr dans quelques heures.

Dans beaucoup de localités on donne à l'animal enflé des lavements avec de la saumure, et on pratique aux flancs et sur la peau du ventre de petites incisions, afin de donner issue au gaz qui distend outre mesure le canal intestinal; mais ces remèdes et ces moyens, sans doute très-peu rationnels, ne sont pas toujours efficaces, et si l'animal ne succombe pas, il peut demeurer long-temps languissant.

Notre célèbre chimiste Thénard vient de découvrir un remède aussi simple que certain dans ses effets, contre l'enflure ou la météorisation des animaux; ce remède, qui a la propriété d'absorber, presque sur-le-champ, le gaz qui les suffoque et en répare tous les mauvais effets, c'est *l'ammoniaque;* on en met une cuillerée dans un verre d'eau et on fait avaler le mélange à l'animal; aussitôt on voit l'enflure qui diminue peu-à-peu, et au bout d'une heure tous les dangers de la météorisation ont disparu, il n'y a plus que de légères précautions à prendre pour que l'animal recouvre entièrement son état normal de vigueur et de santé.

Tous les cultivateurs et les autres propriétaires de bestiaux exposés aux accidents de la météorisation doivent s'empresser de se procurer de l'ammoniaque et faire en sorte de n'en être jamais entièrement dépourvus. J'ai connu des cultivateurs s'abstenir de semer du trèfle, malgré tous les avantages qu'il présente dans l'assolement, par la seule crainte de voir périr, par la météorisation, les animaux qui en feraient leur nourriture; cette crainte ne peut plus être fondée, puisque la chimie a découvert, dans l'usage de l'ammoniaque, le préservatif, ou du moins le remède assuré contre cet accident.

La chimie vient encore de découvrir un remède contre les indigestions et la colique des chevaux, causées par les aliments insalubres, c'est de leur administrer deux cuillerées *d'eau de javelle*, dans une bouteille d'eau froide ; on peut réitérer sans danger le même remède au bout d'un quart d'heure ou d'une demi-heure.

La nature des aliments dont se nourrissent les animaux domestiques et les divers modes de les distribuer, influent singulièrement sur leur croissance et sur leur santé; la nourriture sèche est beaucoup plus saine et plus nutritive que les fourrages verts; cependant il y a des circonstances où ces derniers aliments sont préférables, surtout pendant les grandes chaleurs de l'été. Le régime le mieux approprié au bien-être des animaux domestiques, serait l'alternance de la nourriture sèche et de la nourriture verte, et mieux encore le mélange de l'une avec l'autre, lorsque la chose est possible; les fourrages verts, un peu flétris, sont beaucoup plus sains que distribués dans toute leur crudité; ils sont malsains lorsqu'ils sont imprégnés de rosée, et c'est cette rosée avec les autres principes aqueux qui donnent aux animaux qui s'en nourrissent des coliques et leur causent des indigestions.

Les fourrages verts donnés à l'étable, s'ils ne sont pas plus sains que laissés en pacage, sont du moins beaucoup plus profitables; nous allons en indiquer les principaux avantages.

1° Pour nourrir le même nombre de bestiaux, il faut deux fois plus de terrain en culture par l'usage du pacage que par celui de les nourrir à l'étable ; par le mode de nourrir les bestiaux à l'étable, la même étendue de terrain non-seulement en nourrira le double, mais elle donnera le double de toute espèce de récoltes.

2° Par la tenue des bestiaux à l'étable, il y a aussi une grande économie sur la quantité de nourriture consommée ; par le parcours, ils salissent l'herbe de leurs excréments et de leur urine, ils la gâchent et la font périr en marchant dessus et en s'y couchant ; à l'étable, rien n'est perdu, ils y mangent même avec appétit la pâture qu'ils dédaignent dans les champs ; par le parcours ils ont presque toujours trop ou trop peu de nourriture ; à l'étable la ration est toujours la même, ce qui ne contribue pas peu à les entretenir dans un bon état d'embonpoint et de santé.

3° Mais c'est par la quantité de fumier que les bestiaux font à l'étable que se trouve le plus grand avantage de les y tenir constamment ; par le parcours, le fumier qu'ils laissent dans les champs y demeure en pure perte : desséché par le soleil ou décomposé par la pluie et privé d'ailleurs de la fermentation qui en développe les propriétés nutritives, ses effets sont de nulle valeur. Que le cultivateur ne perde donc jamais de vue que l'abondance et la bonne qualité des récoltes, ont leur cause efficiente dans l'abondance et la bonne qualité des engrais, et que le vrai moyen d'obtenir ce double avantage, c'est de tenir les bestiaux à l'étable et de les nourrir avec méthode et avec soin.

Le seul inconvénient qu'il y ait à tenir les bestiaux à l'étable, c'est que leur nourriture et leur entretien demandent plus de peine et de travail et par conséquent plus de bras dans une exploitation, que de les laisser parcourir librement les pâturages ; mais cette peine, ce travail, cette dépense en plus, ne sont-ils pas quatre fois payés par le nombre double de bestiaux que l'on peut nourrir avec la même étendue de terre en culture, par la double quantité de lait et de viande qu'on en retire, et par cette masse d'engrais au moyen de laquelle on peut doubler ses récoltes?

Dans la Flandre, où, de tous les pays de l'Europe, se trouve la culture la mieux entendue et la plus productive, les bestiaux sont constamment tenus à l'étable; aussi, toutes choses égales, la même étendue de terre en culture donne trois fois plus de lait et de graisse qu'en France, et les récoltes en céréales en sont d'autant plus abondantes par la masse d'excellents engrais qui en résulte. Dans ce pays si éminemment agricole, il n'est plus question de jachères ; on ne connaît, outre les céréales, que des plantes sarclées et des fourrages.

Le pays où se cultivera le plus de fourrages et de plantes sarclées sera toujours, par cela même, un pays de richesse agricole, parce qu'il sera spécialement un pays de nourriture et d'engraissement, et la terre recevant en engrais toujours plus qu'elle ne fournit, sera douée d'une fertilité progressive ; désirant voir fleurir dans ma patrie cette agriculture progressive, je vais hasarder, sur l'engraissement des animaux, qui en est le complément, quelques règles puisées dans les souvenirs de ma vieille expérience.

L'âge le plus propre à l'engraissement est celui où l'animal a reçu tout son développement, il ne doit donc être ni trop jeune, ni trop vieux ; les animaux qui ont travaillé prennent plus promptement et plus aisément le gras : cependant il faut que leur travail ait été modéré, car il est reconnu que des bœufs exténués par l'effet du travail excessif, ou ne reprennent jamais parfaitement leur premier état de santé, ou n'y arrivent que par un long repos, ce qui fait que l'engraissement est lent et consomme beaucoup.

L'engraissement des bœufs se fait de deux manières, ou au pâturage, ou à l'étable : le premier mode est long et très-dispendieux, si on considère l'étendue de pacage nécessaire, la quantité d'herbe consommée et foulée aux pieds, et l'énorme perte d'engrais qu'il occasionne.

L'engraissement à l'étable est plus prompt, plus certain et plus complet ; mais le succès demande que l'on observe ces trois conditions essentielles : 1° ne conduire l'engraissement que par degrés ; 2° éviter la satiété ; 3° profiter de l'état de fin gras pour vendre.

Plusieurs nourrisseurs débutent par faire une saignée aux bœufs qu'ils destinent à l'engraissement, et ils s'en trouvent bien.

Il faut commencer par de gros fourrages, et ne pas même trop en rassasier l'animal ; on augmente par degrés l'abondance et une nourriture plus substantielle. A mesure que l'animal prend de la chair, il mange moins, c'est alors qu'il faut varier ses aliments; on a commencé par des fourrages d'une qualité inférieure, c'est alors qu'il faut lui donner ce que la grange contient de meilleur; on ajoute à ses repas les racines coupées et mélangées avec du son, il sera bien même d'y joindre de la paille hachée pour lui désagacer les dents; enfin on arrive aux farineux, que l'on donne en grain et même en pain, pour couronner le succès. L'alternance et la variété de nourriture est le meilleur moyen d'arriver promptement à la fin de l'engraissement.

Il faut encore éviter la satiété: pour cet effet il ne faut jamais rassasier entièrement l'animal, ou lorsqu'on le reconnaît rassasié d'une chose, il faut faire en sorte qu'il lui reste assez d'appétit pour en manger une autre. Il faut donner peu à la fois, et donner plus souvent; on ne fait arriver au *fin gras* qu'en nourrissant pour ainsi dire par poignées et à la main.

Il y a une chose extrêmement importante, et à laquelle le nourrisseur doit donner toute son attention, c'est de distinguer l'animal qui a perdu l'appétit par satiété, de celui qui n'en manque que parce qu'il n'a pas digéré. Pour ce dernier il faut, avant de lui donner de nouveaux aliments, attendre que la digestion soit complète, car ce n'est pas la plus grande quantité d'aliments que prend l'animal qui lui profite, mais ce qu'il digère bien; à l'autre il faut le rappeler à l'envie de manger par quelque variété de nourriture et surtout par les stimulants; l'usage du sel dont il faut saupoudrer sa pâture et en mettre quelquefois dans son breuvage, est un des meilleurs moyens. Le sel est de nécessité dans l'engraissement des bestiaux, il rappelle et soutient l'appétit, il rend les aliments plus sains et plus nutritifs, et il aide à la digestion; on ne peut trop en préconiser les bons effets. J'ai connu un des meilleurs nourrisseurs des environs de Chollet qui faisait attacher au ratelier de ses bœufs de petits sachets de sel, et ces animaux s'aiguisaient eux-mêmes l'appétit en les léchant.

Nous répéterons encore que l'on ne peut trop varier les aliments dans l'engraissement, si on veut arriver à la certitude du succès. Il y a aujourd'hui une production agricole qui en est la garantie, c'est la pomme de terre; il faut en éviter l'excès, et seule, elle ne serait peut-être pas sans inconvénient; mais mélangée aux autres aliments, et surtout intercalée entre les rations de fourrages secs, elle est vraiment la nourriture par excellence, la nourriture providentielle. Les fourrages secs échauffent souvent et constipent l'animal, ce qui rend l'engraissement lent et dispendieux; ce danger n'est point à craindre en y intercalant la pomme de terre: ce sont deux sortes d'aliments qui se corrigent mutuellement dans leurs propriétés contraires, et qui se rendent plus sains et plus nutritifs l'un par l'autre. Que le cultivateur sache bien qu'il ne peut trop récolter de pommes de terre; ce précieux tubercule peut seul le conduire à la fortune.

Enfin lorsque l'animal est arrivé au *fin gras,* il faut se hâter de le vendre. La nature a assigné à tous les êtres un *maximum* de croissance qu'ils ne peuvent dépasser; lorsque l'engraissement a atteint ce maximum, que rien ne peut plus en faire franchir la limite, il y aurait risque de perte à garder plus long-temps; si même l'animal, arrivé au *dernier gras,* pouvait se conserver dans cet état stationnaire, tout ce qu'on lui donnerait ne serait que nourriture perdue, mais cet état de repos absolu n'est point dans la nature animale; lorsque l'animal que l'on engraisse ne profite plus, il commence à dépérir. C'est ce retour à l'état de dépérissement que l'on désigne par cet adage vulgaire : *que l'animal mange sa graisse;* c'est ce qui arrive à tous les animaux qui ont dépassé la limite de l'engraissement, d'où il résulte qu'il y a avantage à vendre aussitôt qu'on y est arrivé et même avant d'y être arrivé, tandis qu'il y aurait risque et perte à attendre.

Nous terminerons ce chapitre par une citation du journal *l'Agronome,* dont tout cultivateur intelligent fera son profit.

« Une vache, pour se nourrir, a besoin de manger par jour 30 livres de foin ou l'équivalent. »

« Sont égaux à 100 livres de bon foin : 50 livres d'avoine; 50 livres de tourteau ou pain d'huile; 100 livres de regain, de trèfle sec, de luzerne; 150 livres de rutabagas ou navets de Suède; 200 livres de pommes de terre; 270 livres de carottes; 330 livres de betteraves; 400 livres de paille d'orge ou d'avoine; 500 livres de navets ; 600 livres de choux ; 47 livres d'orge. »

« Les betteraves ont la propriété de produire de la viande plutôt que du lait ; les feuilles en sont peu nourrissantes et ont l'inconvénient de relâcher les bêtes. »

« Les carottes valent beaucoup mieux, il n'est point de nourriture plus saine. »

« Si on fait sécher et réduire en poudre le thym, la sauge, le serpolet, le fenouil, et que vous en donniez une poignée par jour à cinq vaches, leur lait et leur beurre seront du meilleur goût. »

» Le céleri produit le même effet. »

« En Allemagne, les vaches des petits ménages ne sont nourries que de soupes ainsi faites : des pelures de pommes de terre et autres légumes, du tourteau d'huile, les lavures de la vaisselle, quelque peu de son, et, au printemps, les chardons, les orties, etc. On fait également cuire les feuilles de navets, de choux, de betteraves ; en un mot chez les pauvres, excepté l'herbe, tout passe par la marmite, tout est cuit et consommé par la vache dont le produit soutient la famille ; quand on voit ces vaches en si bon état, et le peu qu'elles coûtent à nourrir, on ne peut douter que cette méthode ne soit excellente. »

« Il est vrai qu'elle demande plus de temps et de soin, mais c'est l'occupation des enfants et des vieillards ; il est vrai aussi qu'il faut dépenser du combustible, mais on en dépense partout ; en Allemagne, du moins, on l'utilise toujours doublement, en ce qu'il ne s'use jamais sans servir à cuire des aliments pour la famille ou pour la vache et les porcs. Pourquoi nos pauvres villageois n'imiteraient-ils pas un exemple si fécond d'économie et de bien-être ? »

CHAPITRE X.

DE L'HYGIÈNE DU CULTIVATEUR.

Après avoir parlé de l'hygiène des animaux domestiques, nous croyons devoir donner quelques conseils hygiéniques au cultivateur lui-même. Une foule de maladies viennent l'assiéger au milieu de ses travaux champêtres, et ces maladies pourraient être évitées, puisque le plus souvent elles ne prennent leur cause que dans ses imprudences, et dans le peu de soin qu'il prend de sa santé. C'est lui être doublement utile que de lui rappeler qu'il se doit à lui-même et à sa famille, de veiller à sa conservation.

Le premier conseil hygiènique que nous lui donnerons, c'est celui de la propreté ; en général, on est trop peu soigneux à la campagne de se tenir dans cet état constant de propreté, qui n'est pas seulement une règle de bienséance à observer aux yeux du monde, mais un vrai principe de santé et de longue vie.

La propreté doit être pratiquée sur toutes les parties du corps, elle doit régner dans les vêtements et dans les maisons ; le défaut de propreté affecte surtout les enfants et affaiblit leur constitution : c'est pourquoi les parents doivent l'exiger d'eux, et leur en donner l'exemple ; lorsque le corps est couvert de la crasse qu'engendre la poussière, les pores en sont bouchés ; alors la transpiration insensible ne peut plus s'exhaler ; beaucoup de miasmes s'attachent à la peau et donnent naissance aux accidents cutanés les plus fâcheux. La malpropreté dans les vêtements, dans les lits, dans les habitations, vicie l'air et devient la cause insensible, mais réelle, de la plupart des maladies qui affligent les classes laborieuses. On ne peut jamais assez se souvenir que la santé, qui est le plus précieux des biens, est inséparable de la propreté.

Cette précieuse santé exige encore que l'air des habitations et surtout des réduits où couche la famille, se renouvelle souvent ; il faut en éviter en même temps la trop grande humidité ou la combattre par quelques moyens de siccité. Ordinairement, à la campagne, on habite et on couche sur la terre nue : si on ne peut pas y faire un plancher, il faudrait y semer du gravier ou y faire même un cailloutis ; il faut surtout tenir les couchettes élevées au-dessus de cette terre nue, afin que l'humidité y pénètre moins ; l'humidité est d'autant plus funeste aux habitants des campagnes, que souvent ils rentrent dans leur maison, pour y prendre leur repas, tout en sueur, et que souvent aussi ils viennent se mettre au lit dans cet état, où les pores ouverts laissent échapper une abondante transpiration, que l'humidité vient arrêter et refouler vers sa source, et cette dangereuse répulsion cause les maladies les plus graves.

Nous pourrions dire, sans crainte de mentir, que les neuf dixièmes des maladies des habitants de la campagne proviennent d'une transpiration arrêtée et répercutée, c'est-à-dire rentrée; quand on est en sueur, rien n'est plus dangereux que le passage trop subit du chaud au froid, et il en résulte pour l'homme des champs un principe d'hygiène qu'il ne devrait jamais oublier : c'est de *se dévêtir avant d'avoir chaud et de se revêtir avant d'avoir froid.* Gêné par ses vêtements, qu'un travail rude et fatigant le force de mettre bas, il doit avoir soin de les reprendre aussitôt qu'il est appelé au repos, soit pour prendre ses repas, soit que son ouvrage ou sa journée se trouve terminée. Est-il en sueur? il ne doit point rester dans l'inaction; s'il n'a plus alors de besogne pour s'occuper, il faut qu'il marche, qu'il se donne du mouvement jusqu'à ce que l'agitation du sang soit entièrement calmée; lorsqu'on est en sueur, rien n'est pernicieux comme le repos; il faut surtout qu'il ait soin de parer au danger du serein, c'est-à-dire de la fraîcheur du soir, il ne doit point se laisser surprendre par elle, il doit avoir repris ses vêtements avant d'en avoir senti l'influence. Il doit éviter en un mot tout ce qui peut repousser la sueur et la forcer à rentrer dans les pores ; les *rhumes*, les *catharres*, les *pleurésies*, les *fièvres*, les *fluxions de poitrine* et d'autres maladies graves et quelquefois mortelles, qui affectent l'habitant des campagnes, n'ont presque point d'autre cause qu'une refroidissure subite et une sueur rentrée.

Nous aurions aussi à mettre au nombre des causes des indispositions et des maladies qui affligent les habitants de la campagne, la grossièreté des aliments dont ils se nourrissent ; mais nous craindrions d'exciter des désirs que l'exiguité de leurs ressources ne leur permettrait pas de satisfaire. Nous nous bornerons à dire qu'un échange complet devrait se faire entre leur régime alimentaire et celui de l'habitant des villes ; ce dernier, dont la vie sédentaire est privée de ces locomotions continuelles, de ces mouvements brusques et variés, qui favorisent si puissamment la digestion, ne devrait se nourrir que de légumes, surtout de pommes de terre, de viandes légéres, et ne boire que de l'eau ; tandis que la grosse viande, les aliments fortement substantiels, et le gros vin, devraient être le partage des habitants de la campagne; mais c'est le contraire qui existe, et voilà pourquoi les uns et les autres jouissent si rarement de la santé et de la vigueur dont ils sont capables.

Le pain dont se nourrissent les cultivateurs manque généralement d'apprêt et n'est presque jamais assez cuit ; ils mangent aussi trop de crudités et de mauvaise salaison, surtout en marée; les légumes dont ils sont forcés de faire un constant usage, devraient toujours être bien cuits, et les fruits bien mûrs. Un aliment spécial aux habitants de la campagne et qui ne devrait jamais paraître sur la table du citadin, c'est la viande de porc; cette précieuse viande, difficile à digérer et même malsaine pour l'homme sédentaire, est l'aliment par excellence de l'homme des champs: non-seulement ce dernier, par son rude travail et le grand air qu'il respire, la digère avec facilité; mais fortement substantielle, elle corrige, dans ses autres aliments, le défaut d'apprêt et de principes nutritifs.

Si l'habitant de la campagne évitait l'excès des boissons spiritueuses, auxquelles il ne se livre que trop souvent, s'il prenait de lui-même les soins que demande la propreté, s'il travaillait à assainir son habitation, et si, surtout, il était plus soigneux d'éviter le passage trop subit du chaud au froid et les autres causes qui peuvent arrêter et répercuter la transpiration, il serait bien rarement malade, ou plutôt il jouirait d'une santé robuste, d'une riante vieillesse, et vivrait dix ans de plus que l'habitant des villes.

CHAPITRE XI.

DE LA COMPTABILITÉ AGRICOLE.

L'agriculteur, pas plus que le négociant, ne doit rien entreprendre sans calcul, ne doit rien faire sans règle; il doit consigner soigneusement sur un registre tout ce qu'il fait, afin de pouvoir, en toutes circonstances, s'en rendre un compte fidèle; l'ordre dans toutes les affaires est une condition de succès, et sans cette condition, toutes les autres ne peuvent être que fortuites et précaires. Quels que soient le travail du cultivateur et ses chances de réussite, s'il y a désordre et obscurité dans ses affaires, il ne fera que tâtonner dans les ténèbres, il marchera quelquefois même à sa ruine sans s'en apercevoir, il sentira sa chute avant d'avoir senti l'égarement qui l'y a conduit. Il y a plus d'hommes qui se perdent par le défaut d'ordre et de calcul dans leurs affaires, que par le défaut de travail et d'économie : l'agriculture ne les exige pas moins que le commerce.

Cependant nous ne prétendons pas assujettir le cultivateur à toutes les connaissances théoriques du haut commerce, surtout à la tenue des livres en parties doubles, car ce serait exiger l'impossible de la part des neuf dixièmes des fermiers et même de la part des petits propriétaires qui se livrent à la culture de leurs terres; d'ailleurs, n'écrivant que pour la petite culture, nous ne prétendons pas donner des préceptes à ceux qui gèrent de vastes exploitations; c'est à eux à suivre les méthodes rigoureuses de comptabilité que comporte leur situation; nous nous bornerons donc à dire que tout cultivateur, quelque restreinte que soit son exploitation, ne doit rien entreprendre ni rien faire sans le consigner sur un registre destiné à les lui rappeler, et où il puisse à toute heure et en toute circonstance en voir l'ensemble et comme le tableau vivant. Ce sont cet ordre et ce soin minutieux à inscrire toutes ses opérations qui manquent encore à beaucoup de cultivateurs; ils ont trop de confiance dans leur mémoire, et de leur négligence à écrire ce qu'ils font, naissent la confusion, le désordre, les pertes et par suite la gêne et la ruine.

Nous ne proposons au cultivateur que deux livres à tenir : un *mémorial* et un tout petit livre de *caisse*.

Voici la forme du mémorial.

	10 *Janvier* 1840.
Reçu.	Vendu et livré à M. Jacques AUBRY vingt-huit hectolitres de froment, à raison de dix-huit francs cinquante centimes l'hectolitre, ce qui se monte à la somme de cinq cent dix-huit francs, ci. . . . . 518 fr.

	4 Février 1840.
Payé.	Acheté à la foire de Saint-Gervais deux bœufs de cinq ans, pour la somme de six cent quarante-cinq francs, ci. . . . . 645 fr.

21 Février 1840.

Arrêté compte avec Louis JOURDAIN, maréchal, par lequel je me trouve lui devoir la somme de cent dix-sept francs soixante-cinq centimes, ci. . . . . . . 117 fr. 65 c.

Tous les huit jours, si l'exploitation est un peu considérable, tous les mois, si ce n'est qu'une petite exploitation, on fera le relevé du mémorial, que l'on portera en chiffres sur le livre de caisse. Au verso de la première page sera inscrit l'actif ou tout ce qui est dû; au recto de la page suivante on inscrira de même le passif ou tout ce qu'on doit; ces deux pages étant en regard, on pourra voir d'un seul coup-d'œil son actif et son passif, ce qui est dû et ce qu'on doit.

Nous ne parlerons pas ici d'échéance rigoureuse, ni de billets à ordre et de lettres de change, que l'homme des champs ne devrait jamais avoir besoin de connaître : le cultivateur paie quand il peut et il reçoit de même.

Deux fois l'année, à la fin de mai avant de commencer à serrer ses récoltes, et à la fin de novembre, lorsque les travaux d'automne sont entièrement terminés, le bon cultivateur fera son inventaire, il comprendra ce qu'il possède, son actif et son passif, c'est-à-dire ce qui lui est dû et ce qu'il doit, ce qu'il a de disponible dans ses greniers, dans sa grange, dans ses fenils; les bestiaux d'élève ou d'engraissement qu'il a à vendre et ceux qu'il faudra acheter pour les remplacer; il verra alors ce qu'il a fait et ce qu'il a à faire.

C'est ainsi que se conduira le bon cultivateur, il ne sera point négligent à inscrire sur son mémorial ce qu'il entreprend, ce qu'il vend, ce qu'il achète, ce qu'il reçoit, ce qu'il paie; il saura se méfier de sa mémoire qui n'est jamais assez fidèle pour rappeler au besoin tout ce qu'on a fait et tout ce qu'il faut faire; il ne perdra jamais de vue que c'est autant sur le bon ordre dans ses affaires que sur son travail et son économie, que sont fondés sa prospérité et son bonheur.

FIN.

TABLE

DES MATIÈRES.

FIN DE LA TABLE.

www.ingramcontent.com/pod-product-compliance
Ingram Content Group UK Ltd.
Pitfield, Milton Keynes, MK11 3LW, UK
UKHW020409190726
13838UKWH00006B/373